송기원의

포스트 게놈

시대

대』에서는 우리를 포함한 지구 생명체에 적용될 현대 생명 공학의 철학과 기술들을 합성 생물학과 유전자 편집의 두 줄거리로 요약하여 설명한다. 일반 시민들에게 현대 생물학의 첨단을 쉽게 설명하는 이 책은 우리가 당면한 변화의 실상이 무엇인지를 이해하는 데에 큰 도움을 줄 것이다.

—노정혜 | 서울 대학교 생명 과학부 명예 교수

명쾌한 CRISPR 가위 해설서

송기원은 내 대학 동기다. 고백컨대 그가 없었으면 나는 대학을 졸업하지 못했을 것이다. 비단 나뿐만이 아니다. 우리 동기 대부분은 그의 노트로 공부했다. 나와 (특히 남자) 동기들이 수업 시간에 딴청 피운 게 아니다. 수업 시간에 전달되는 내용은 너무 많았고 이해할 수 없는 내용이 대부분이었다. 그런데 그의 노트를 보면 이해가 되었다. 그의 노트는 교수님 강의보다 더 좋았다. 다행히 그는 동기 가운데 가장 먼저 교수가 되었다. 그리고 시민을 위해 책을 썼다.

이 책은 합성 생물학과 CRISPR 유전자 가위 기술에 대한 해설서다. 송기원은 21세기를 살아가는 민주 시민이 알아야 하는 적절한 수준의 내용을 약 250쪽에 걸쳐서 친절하게 알려 준다. 시작은 유전자 가위의 역사이다. CRISPR 유전자 가위를 둘러싼 특허 전쟁도 흥미진진하게 다룬다. 하지만 최고의 미덕은 CRISPR 유전자 가위의 정체와 작동 방식을 쉽게 설명했다는 것이다. 다시 한번 고백하자면, 이 책을 읽고서야 생화학 전공자인 내가 CRISPR 가위를 비로소 제대로 이해하게 되었다. 마치 학부 시절 그의 노트를 복사해서 공부하는 것 같았다.

생명 과학은 하루가 다르게 발전하고 있다. 과학과 기술의 발전은 시민을 위한 것이어야 한다. 결정은 시민이 해야 한다. 그러기 위해서는 일단 시민이 먼저 그 기술을 이해하고 있어야 한다. 민주 시민이 『송기원의 포스트 게놈 시대』를 읽어야 하는 이유가 바로 그것이다.

—이정모 | 펭귄각종과학관 관장

송기원의 포스트 게놈 시대

개정 증보판

생명 과학 기술의 최전선

합성 생물학

크리스퍼

그리고 줄기 세포

송기원

과학을 일반인에게 전달하는 작업의 중요성을

내게 처음 일깨워 준 동반자 조명현 교수와

항상 내 글의 열렬한 독자가 되어 주셨던

나의 버팀목 아버지, 어머니께 드립니다.

개정 증보판에 부쳐

생물학의 새로운 경치, 새로운 안목

오래전 이야기지만 고등학교 졸업 때 20년 후 예상하는 자신의 모습을 적어 타임캡슐에 보관했다가 졸업 20주년 기념 모임 때 나눠 주는 행사가 있었다. 까맣게 잊고 있다가 받은 종이에는 "조그만 대학의 교수가 되어 연구실과 집을 오가며 천천히 내가 하고 싶은 연구를 하면서 평화롭게 살고 있는 모습"이 그려져 있었다. 운이 좋게도 나는 어쩌면 고등학교 졸업할 때의 바람처럼 사는 것인지도 모르겠다.

그러나 인생은 항상 예상을 빗나간다. 생명 과학을 공부하기 시작하면서 나는 생명 현상의 본질을 탐구하는 생명 과학이 30년 후 첨단 산업의 최전선에 있으리라고 전혀 예상하지 못했다. 내가 졸업한 학과의 많은 동문이나 동료들이 벤처를 창업해 성공할 것도, 또 내가 대학이 아닌 기업체에서 생명 과학에 관해 강의하게 될 것도 상상할 수 없었다. 연구자로서 삶은 기대했던 '천천히'와 '평화롭게'와는 거리가 있는 생활이었고 늘 시간에 쫓겨 팍팍했다. 생명 과학 발전 속도가 누가 가속 페달을 밟는 것처럼 계속해서 더욱 빨라지기 때문이다.

이 책의 초판을 낸 지 6년에 가까워지고 있고, 그사이 이 책에서 다루었던 합성 생물학과 유전자 가위 기술, 줄기 세포 연구 모두에 커다란 변화가 있었다. 유전자 회로를 새로 삽입함으로써 세포 자체의 기능을 원하는 대로 조절할 수 있게 해 주는 합성 생물학은 치료제 개발에 본격적으로 활용되기 시작했다. 유전자 가위 기술에서는 **프라임 에디팅**(prime editing)이라는 획기적인 기술 개발이 이루어졌다. 기존 CRISPR-Cas9 유전자 가위 기술이 가지고 있던 표적 이탈 가능성을 조금씩 개선하며 정확성을 높여 가려던 노력의 결과였다. 줄기 세포 분야에서는 줄기 세포로부터 소형 장기인 **오가노이드**(organoid, 장기 유사체)를 만들어 생명 발생의 신비를 이해하고 다양한 질환의 개인 맞춤형 치료에 이용하는 방법이 일반화되었다.

'포스트 게놈 시대'를 표방하는 이 책이 이런 내용을 포함해 내용을 보완하지 않으면 더 이상 최신 과학 내용을 전달하는 책으로서의 기능을 할 수 없겠다는 판단이 들어 지난 6년간 매일같이 쏟아져 온 새로운 지식과 정보를 추려 개정 증보판을 펴내게 되었다. 새로 추가한 11장에서는 합성 생물학의 의학적, 약학적 이용을, 24장에서는 프라임 에디팅을 비롯한 유전자 가위 기술의 혁신을, 29장에서는 오가노이드 기술의 이모저모를 다뤘다. 기존 꼭지에서도 정보가 업데이트된 것들이 있으면 찾아 수정해 두었다. 이에 따라 8부 26장으로 되어 있던 체재가 8부 29장으로 조금 수정되었다.

초판 「프롤로그」에서는 인간 유전체 전체를 합성하는 유전체 쓰기 프로젝트 이야기로 시작했지만, 지난 6년간 생명 과학계에서는 인간의 몸을 구성하는 모든 세포와 유전체에 관련된 데이터를 축적하고 관련 플랫폼을 구축하는 작업이 시작되어 가장 왕성하게 진행되었다. 가장 먼저 시작된 프로젝트가 미국 국립 보건원(National Institute of Health, NIH)이 2006년 시작한 암 유전체 지도책(The Cancer Genome Atlas, TCGA) 프로그램이다. (https://www.cancer.gov/ccg/research/genome-sequencing/tcga에 가면 자세한 정보를 확인할 수 있다.) 이 프로젝트는 인체의 33종 암 유형 발원성 암 2만 개와 이에 매칭되는 정상 조직의 유전체 정보, 유전자 변이, 유전자 발현 차이 등에 대한 정보의 축적을 목적으로 한다. 현재 암 유전체 관련 정보를 이미 DVD 디스크 60만 장에 해당하는 2.5페타바이트만큼 산출했다. 이런 정보의 축적은 궁극적으로 유전자 수준에서 암의 발병 원인을 정확히 규명하고 정확한 진단과 각 환자의 발병 원인에 맞는 최적의 치료법을 제시하는 플랫폼으로 유용하게 이용될 수 있다.

TCGA와 미국 국립 보건원(NIH)이 진행하는 또 다른 플랫폼 사업은 2015년 시작된 '올 오브 어스(All of Us)' 프로젝트다. (https://allofus.nih.gov에 가면 자세한 정보를 확인할 수 있다.) 다양한 배경의 미국인 100만 명 이상의 유전체 정보를 읽어 데이터화하는 것을 목적으로 하며 이미 유전체 정보 제공에 대해 동의한 자원자 20만 명 이상의 키, 피부색, 질병력 등 생물학적 특징과 유전체 정보를 확보했다. 우리나라에서는 대부분 유전체 정보를 읽어 데이터화하는 데 부정적인 사회 분위기가 형성되어 있고, 유전체 정보를 이용한 연구는 개인 정보 보호법 때문에 쉽지 않은 상황이다. 그렇다면 미국은 왜 이런 작업을 진행하고 또 사람들은 왜 이런 사업에 자원하는 것일까? 이미 2003년 인간 유전체 대부분의 정보를 읽어 냈지만 우리는 아직 정확히 해석하지 못한다. 그 의미를 정확히 이해하기 위해서는 개인 유전체의 차이가 어떻게 개인마다 다른 표현형의 차이로 연결되는가에 대한 많은 사람의 정보가 필요하다. 미래의 대세가 될 유전 정보에 따른 정확한 개인 맞춤형 치료를 위해서는 유전체와 여기서 유래된 표현형에 대한 대량의 유전적 정보가 필수적이다. 이런 이유로 시작된 올 오브 어스 사업에서 미국인들은 유전체 데이터가 익명으로 처리된다면 인류 전체를 위해 유용하게 유전체 정보가 사용되기를 바라는 마음으로 자신의 유전 정보를 제공하는 것이다.

NIH는 코로나19 팬데믹을 겪은 이후인 2022년에 인간 바이러스체 프로그램(Human Virome Program, HVP)도 시작했다. (링크 https://commonfund.nih.gov/humanvirome 참조) 인간 유전체 DNA의 약 8퍼센트는 진화 과정에서 인간 유전체로 들어온 다양한 바이러스에 대한 정보라고 알려져 있다. 우리 유전체에서 유전자가 차지하는 비율이 약 2퍼센트인 것과 비교하면 엄청나게 많은 바이러스 정보가 유전체 내에 삽입되어 있는 것이다. 우리는 인간에게 심각한 질병을 일으키는 몇몇 바이러스들 이외에 유전체에 존재하는 바이러스 유래 DNA의 기능 대부분을 알지 못한다. HVP는 이렇게 질병을 일으키지 않고 우리의 유전체 내에 존재하는 바이러스 유래 DNA들을 확인하고 이들과 인간 건강과의 연관성을 밝히는 것을 목표로 한다.

2016년 10월 인간을 구성하고 있는 모든 세포 약 50조 개를 단일 세포 수준으로 이해하려는 목적으로 인간 세포 지도책(Human Cell Atlas, HCA) 작성 프로젝트도 시작되었다. (링크 https://www.humancellatlas.org 참조) 이 프로젝트는 세계 여러 나라 연구자들이 콘소시엄을 만들어 시작했고, 현재는 99개국 1,700개 연구 기관이 참여해 다양한 지역, 종족, 발생 과정, 연령 등의 차이에 따라 인간 세포 지도책이 어떻게 차이가 있는지를 규명하기 위한 연구가 진행 중이다. 인체를 구성하는 모든 세포 각각의 특성을 이해하기 위해 먼저 인체를 허파, 심장, 간, 면역계 등 장기와 조직에 따라 단위 네트워크 18개로 나눠 각 단위를 구성하는 다양한 단일 세포들이 발현하는 유전자군을 조사하고 데이터화하는 방법을 사용한다. 2018년 이미 면역계를 구성하는 세포들에 대한 데이터가 확보되었고, 2023년 가을에는 간, 허파 등 몇몇 인간 장기를 구성하는 세포들의 정보를 발표했다. 이 프로젝트가 완결된다면 특정 조직이나 장기에 질병이 생기면 세포 단위의 유전자 수준에서 어떤 변화가 발생하는가를 규명할 수 있어 인간의 몸과 그 작동 방식을 이해하는 데 큰 도움이 될 것으로 기대하고 있다.

인간에서 유래한 다양한 세포주나 인체 조직 및 장기에서 발현되는 모든 단백질을 이해하기 위한 인간 단백체 지도책(The Human Protein Atlas, HPA)도 진행 중이다. (링크 https://www.proteinatlas.org 참조) 인간 유전체 프로젝트가 끝난 2003년 스웨덴을 중심으로 학술적인 연구자 모임으로 시작되었으며 2005년 인간 단백체 프로젝트로 확대되었고 우리나라도 참여하고 있다.

왕성히 진행되고 있는 다양한 지도책 사업과 각각의 데이터 플랫폼 작업들은 이미 생명 과학의 연구 방법을 크게 바꾸고 있고 그 추세는 더욱 가속화될 것이다. 생명 과학은 이제 생물과 세포를 붙들고 유전자와 단백질을 추출해 내려는 실험실 대신 가상 공간에 구축된 데이터 플랫폼에서 생명 현상에 관련된 질문과 답을 찾아내는 정보 과학으로 전환될 것이다. 이 책의 다음번 개정판은 분자 유전학자인 내가 아니라 생물 정보학을 연구하는 학자가 써야 할지도 모르겠다.

『잃어버린 시간을 찾아서』를 남긴 프랑스의 작가 마르셀 프루스트(Marcel Proust)는 "진정한 발견을 위한 항해는 새로운 경치를 찾는 것이 아니라 새로운 안목을 갖게 되는 것이다."라고 이야기했다. 특히 생명 과학 전공자가 아닌 이들에게 이번 개정 증보판에 추가된 내용들은 쉽게 읽히고 이해되는 지식은 아닐 것이다. 프루스트의 표현을 빌리자면 이러한 새로운 지식은 새로운 경치에 해당할 텐데, 여러분이 포기하지 않기를 바란다. 그래서 이런 지식을 통해 빠르게 바뀌고 있는 생명 과학 연구의 추세 속에서 새로운 큰 그림을 그릴 수 있는 안목을 가질 수 있기를 기대해 본다.

2024년 여름의 끝에

송기원

프롤로그 인간, 드디어 조물주의 자리로?

포스트 게놈 시대, 생명 과학 기술, 왜, 얼마나 알아야 할까?

기술을 가지게 되었을 때, 그것을 사용하는 것만으로는 충분하지 않습니다. 우리는 기술에 대해 질문해야 하고 다른 사람들이 기술에 대해 질문하도록 가르쳐야 합니다.

— 마르틴 하이데거, 『기술에 대한 질문』(1954년)

나는 분자 유전학을 공부하고 연구하고 있다. 분자 유전학은 어떻게 DNA(deoxyribonucleic acid, 데옥시리보핵산)라는 물질 수준의 분자가 생물에서 형질로 표현되고 다음 세대로 전해지는가를 공부하는 학문이다. 이런 이유로 유전자 변형이나 유전 정보에 관련된 중요한 연구 결과가 발표될 때마다 종종 신문이나 방송 기자들이 간단한 질의 응답 식의 인터뷰를 요청하곤 한다. 대부분 그들의 첫 질문은 한결같았다. "먹어도 괜찮은가요?"

2015년 여름쯤이었을까. 서울 대학교 연구진이 중국 옌볜 대학교와 공동으로 유전자 가위 기술을 이용해 '슈퍼 돼지'를 만들었다는 연구 발표가 있었을 때도 그랬다. 기자는 엄청난 근육질의 돼지 사진을 보여 주며 가장 먼저 "먹어도 괜찮은가요?"라고 물었고, 나는 화가 나서 "먹어서 괜찮으면 무슨 짓을 해도 괜찮은가요?"라고 되물었던 기억이 있다. 물론 기자에게 화낼 일이 아니라는 것을 나 자신도 잘 알면서. 아마도 기자는 사람들이 가장 알고 싶어 하는 것을 물은 것이리라. 그리고 어쩌면 이것이 우리 사회에서 생명 과학 기술이 받아들여지는 수준인지도 모르겠다. 그러나 불행하게도 생명 과학 기술에 대한 이런 수준의 지식만으로는 살기 어려운 시대를 우리는 이미 맞고 있다.

21세기 초, 정확히는 2003년 **인간 유전체 계획**(Human Genome Project, HGP)이 끝난 이후로 생명 과학 기술의 발전 속도와 쏟아지는 정보의 양은 가히 놀랍다. 우리가 인지하지 못하는 사이에 생명 과학 기술이 너무나 빠르게 발전하고 있어, 생명의 현상을 이해하기 위한 순수 과학 연구와 이를 응용하는 기술은 분리될 수 없을 정도로 가까워지고 있다. 이제 실험실에서 나온 연구 결과가 즉각 기술로 응용되어 인체를 비롯한 생명체에 직접 적용되는 시대가 되었다. 또한 인간의 의도에 따라 생명을 디자인하고 만들어 내는 '인간에 의한 지적 설계'의 세상이 빠른 속도로 우리에게 다가왔거나 오고 있다. 이것을 뒷받침하는 대표적인 과학 기술이 **합성 생물학**(synthetic biology)과 **유전자 가위 기술**이라고 할 수 있다.

인간, 드디어 조물주의 자리로?

2016년 5월 미국 보스턴에 있는 하버드 대학교 의과 대학에서는 합성 생물학이라는 분야의 세계적 대가인 과학자와 의료인을 비롯해 법률가, 기업 경영자 등 사회적 리더 150여 명이 모여 인간 유전체를 합성하는 문제를 놓고 비밀리에 협의를 진행한 것으로 보도되었다. 이 모임은 철저한 보안 속에 진행되었으며, 뒤늦게 일부 내용이 언론을 통해 전해졌다. 회의를 주관한 학자는 합성 생물학 분야를 이끌고 있는 세계적 과학자 조지 처치(George Church) 박사였다. 그가 참석자들에게 발송한 초청장에 따르면 이 회의는 "향후 10년 내에 인간 유전체 합성이 가능한지"를 논의하는 자리였다고 한다.[1] 그리고 같은 해 6월 2일 이 회의 내용을 중심으로 《사이언스(*Science*)》는 인간 유전체 정보를 합성해 만드는 프로젝트 "유전체 계획: 쓰기(The Genome Project: Write)"를 시작하고 싶다는 과학자들의 열망과 계획을 알리는 기사를 게재했다.[2]

인간 **유전체**(genome)는 인간을 만들어 내는 DNA 정보 전체를 뜻한다. 1990년 시작되어 2003년 완결되며 인간 유전체 30억 DNA

염기쌍의 서열을 밝혀낸 인간 유전체 계획을 그 서열을 읽어 내는 데 중점을 둔 '인간 유전체 계획: 읽기(HGP-read)'로 보고, 그에 대비해 이제는 읽어 낸 유전체의 유전 정보 전체를 직접 작성하는 '인간 유전체 계획: 쓰기(HGP-write)'를 시행하겠다는 것이었다. 여기서 작성한다는 것은 인간의 유전체를 구성하는 DNA 정보 서열 전체를 실험실에서 합성해 그 작동 여부를 시험한다는 의미이다.

2016년 6월 2일 《뉴욕 타임스(*The New York Times*)》의 기사는 HGP-write에 참여한 과학자들의 프로젝트 제안 목적이 "인간을 합성하는 것이 아니며, 인간의 유전자가 세포 내에서 어떻게 상호 작용하는지 이해하는 것"이라고 강조했다. 즉 이 프로젝트는 인간의 유전 정보가 속해 있는 염색체의 구조나 유전체 작동 방식 등에 대한 이해를 향상시키는 것이 목적이고 거기에 과학적인 가치가 있다는 것이다. 과학자들은 유전체 합성 프로젝트의 진행이 법적, 윤리적 틀 안에서 진행되기를 바라면서 《사이언스》에 그 내용을 발표한 것으로 보인다. 실제로 《사이언스》의 해당 기사에는 "우리는 유전체 제작을 위한 기술과 윤리적 체계가 필요하다."라는 부제가 붙어 있었다. 기사에 따르면 HGP-write는 이미 시행되었던 HGP-read처럼 처음에는 약 1퍼센트 정도의 인간 유전체를 합성하는 파일럿 프로젝트로 진행될 것이라고 한다. 이 프로젝트를 위해 생명 공학 전문가 조직(Center of Excellence for Engineering Biology)[3]이라는 새로운 비영리 기관이 조직되었다. 이 조직은 합성 생물학 분야를 이끌고 있는 주요 과학자들과 이들을 지지하는 기업, 연구소들이 연합한 비영리 기관으로, 2016년에만 1억 달러 정도의 연구 기금을 조성할 계획이라고 밝힌 바 있다. 이 프로젝트를 본격적으로 진행하기 위해서는 HGP-read에 들었던 비용에 버금가는 10억 달러 이상의 천문학적 금액이 필요할 것으로 추측된다. 따라서 일단 시험 프로젝트 진행을 통한 유전체 합성 기술 개발로 그 비용을 낮춘 후 전체 유전체 합성을 진행할 계획인 것 같다.

아직 HGP-write가 구체적인 프로젝트로 실행 단계에 들어선 것은 아니다. 생명 공학 전문가 조직은 과학에 관심 있는 대중을 참여시키고 지지를 끌어내기 위해 모금도 진행하고 있다.

벌써 일반인 사이에서는 이 프로젝트의 논리가 비약되어 인조인간을 만들거나 생물학적 부모 없는 인간을 창조할 가능성을 여는 것은 아닌지, 여러 가지 논란이 뜨겁다. 논란은 과학계에서도 진행되고 있다. 이 프로젝트가 제안하는 것처럼 인간의 유전체를 합성하고 그 작동을 시험하는 과정에서 아직 우리가 완전히 이해하지 못하고 있는 유전체의 작동 방식과 원리를 많이 배울 수 있겠지만, 인간 유전체를 모두 합성했을 때 그것을 어디에 또는 어떻게 사용할 것인지가 명확하지 않다는 것이다.

'판도라의 상자'는 이미 열렸다

2017년 8월에는 CRISPR-Cas9(크리스퍼-카스나인)이라는 유전자 가위 기술을 이용해 인간의 배아에서 유전체를 성공적으로 교정했다는 연구 결과가 발표되었다. 이 연구 결과가 발표되기 전까지만 해도, 나는 생명 과학 기술을 이용해 인간의 배아 유전 정보에 직접 손을 대는 것은 피하고 싶다고 생각해 왔다. 인간에게 남겨진 마지막 '판도라의 상자'라고 할 수 있는 영역이기 때문이다. 그러나 나의 희망과는 무관하게 판도라의 상자는 열렸고 인간 배아에 유전적 수정을 가하는 것이 옳다 그르다 하는 논의 자체가 의미를 잃었다. 이미 기술이 우리 손안에 들어왔기 때문이다. 우리는 이제 우리 자신의 유전체를 임의로 교정할 수 있는 능력을 가지는 새로운 시대로 넘어가고 있다.

앞에서 언급한 경우처럼 최근의 첨단 생명 과학 기술 연구에는 여러 가지 윤리적 질문과 논란, 우려가 포함되어 있다. 그러나 일반 시민들의 우려나 과학자들의 논란에도 불구하고 대부분의 생명 과학 연구 프로젝트는 그대로 진행될 것이다. **유전자 조작 생명체**(genetically modified organism, GMO), 인간 유전체 계획과 같은 현대 생명 과학 연구 프로젝트들은 항상 찬반 논란과 윤리적 문제 제기가 있음에도 불구하고 그대로 진행되어 온 전례들이 있기 때문이다. 과학의 역사에서 과학자들이 윤리적 문제 때문에 앞으로 나아가기를 멈춘 경우가 없었다. 게다가 이 연구 프로젝트 배후에서는 우리 개인의 욕망과 후기 자본주의의 자본 및 시장 논리가 추동력으로 작용하고 있다.

물론 이러한 새로운 생명 과학 기술들이 항상 위협적인 것만은 아니다. 인류에게 새로운 가능성을 가져다준다는 긍정적인 측면도 매우 크다. 최근 줄기 세포나 면역 세포의 유전 정보를 변형시켜 소아 백혈병 등 기존 방법으로 치료할 수 없던 질병의 치료에 효과적으로 적용할 수 있다는 결과들이 속속 보고되고 있다. 새로운 치료법을 맹신하는 것은 위험하겠지만, 효과가 무엇이며 그 긍정적 측면이 어떤 것인지 정확히 아는 것은 매우 중요하다.

생명과 관련된 과학과 기술은 우리 자신을 포함한 생명체를 대상으로 하므로 다른 어떤 과학 기술보다 그 파급 효과나 윤리적, 사회적 중요성이 크다. 그래서 과학자만이 아니라 일반 시민들도 "먹어서 안전한가?" 이상의 질문을 던져야 할 필요가 있다. 나는 생명 과학 기술의 현주소에 대한 이해가 반드시 일반 시민들에게로 확산되어야 한다고 믿는다. 또 이러한 연구를 수행하고 있는 과학자들도 학계의 관성이나 연구를 위한 연구에 매몰되지 말고 연구 자체나 연구에서 파생될 결과에 대해 한번쯤 성찰해 볼 시점이 되었다고 생각한다.

'먹어서 안전한가?'라는 질문을 넘어서

새로운 생명 과학 기술의 발전을 보며 우리가 하나 더 고민해야 할 부분은 우리나라의 위치이다. 이전에 우리의 첨단 생명 과학 기술은 미국이나 유럽 등 선진국이 앞서가면 쫓아가기만 하면 되는 위치에 있었다. 그래서 여기서 파급될 수 있는 윤리적, 사회적 문제나 규제도 대부분 선진국이 미리 만들어 놓은 프로토콜을 쫓아가면 되었다. 그러나 지금은 다르다. 우리나라가 생명 과학 기술의 최전방에 서 있는 경우도 많기 때문이다. CRISPR 유전자 가위를 이용한 인간 배아 유전체 수정도 우리나라와 미국의 공동 연구를 통해 발표된 내용이었고, 세포 치료제도 우리나라가 세계에서 가장 많은 종류를 허가하고 있다. 우리 사회는 어느새 첨단 생명 과학 기술의 발전이 가져올 문제를 어떤 기준으로 받아들이고 소화해야 하는가에 대한 나름의 답을 앞서서 제시해야 하는 입장에 서 있는 것이다.

그러나 대부분의 시민과 과학자는 이 문제를 강 건너 불구경하듯 바라보는 것 같다. 합성 생물학이니 유전자 편집이니 하는 것은 외신 코너나 과학 지면을 잠시 장식하고 그저 스쳐 지나가는 기사일 뿐이다. 그러나 현재 생명 과학 기술의 급격한 발전 양상은 강 건너 불구경하기에는 일상부터 전 인류의 안녕과 복지를 좌우할 정도로 너무 큰 문제이다. 이렇게 큰 문제를 제대로 이해하지 못한 채 문제 제기조차 못 한다는 것은 새로운 사회적 위험을 방치하는 일이 될지도 모른다. 이것이 이 책을 쓴 가장 중요한 이유이다.

언젠가 내가 나온 생화학과의 대학 동기생 모임에서 친구들이 나에게 한 이야기도 이 책을 쓴 이유가 되었다. 친구들은 말했다. 요즘은 생명 과학 기술에 관한 기사도 많이 나오고 그것이 우리나라의 미래 성장 동력이라는 이야기도 자주 들리지만 내용도 어렵고 어떤 맥락에서 무슨 일이 진행되고 있는지 전혀 이해가 되지 않는다고. 한 권으로 요즘의 연구 내용과 발전 상황을 소개해 주는 책이 있으면 좋겠는데 왜 그 많은 학자들이 쓰지 않는지 모르겠다고. 아마도 학교에 있는 나에게 책임감을 가지라고 한 이야기였던 것 같다.

생명 과학 기술의 최전선을 소개하는 책을 어떻게 써야 할지

글을 쓰면서 계속 나 자신과 갈등이 있었다. 과학은 배경 지식이 없으면 이해하기 쉽지 않기에 어떻게 쓰는 것이 독자들의 흥미를 끌지 고민이 되었고 쉽고 재미있게 쓰는 능력이 부족한 내 글쓰기 솜씨가 아쉽기도 했다. 의도와는 정반대로 내 글이 독자들에게 '생명 과학은 정말 어려운 것이구나.'라는 느낌을 주는 것은 아닌지 두렵기도 하다. 그래도 빠른 속도로 발전하고 있는 생명 과학의 최전선을 설명하는 책에 대한 우리 사회의 필요가 나의 부족함을 가려 줄 수 있기를 기대한다.

1954년 철학자 마르틴 하이데거(Martin Heidegger)는 『기술에 대한 질문(*The Question Concerning Technology*)』에서 기술과 인간의 관계에 대해 언급하며 우리가 기술에 대해 통찰하고 질문하는 것이 매우 중요함을 역설했다. 아마 그의 머릿속에는 원자 폭탄이 최첨단 기술로 자리 잡고 있었을 것이다. 지금 이 시점에 우리가 성찰하고 질문해야 할 과학 기술은 생명 과학 기술이다. 게다가 생명 과학 기술은 핵 기술보다 훨씬 더 복잡한 질문을 우리에게 던진다. 위험하다면 폐기하거나 동결해 버릴 수 있는 핵 기술과 달리 생명 과학 기술은 그 대상에 우리 자신이 포함되기 때문이다. 많이 부족하지만 이 책에서 소개하는 지식과 정보가 우리 사회의 다양한 분야에서 생명 과학과 그 기술에 대한 질문으로 나아가는 디딤돌이 되기를 기대해 본다.

강의와 연구로 분주한 가운데 이 책을 펴낼 수 있었던 것은 여러 분들의 도움 덕분이었다. 먼저 강양구 코리아 메디케어 콘텐츠 본부장에게 고마움을 전한다. 책을 쓰려면 연재가 최고의 방법이라며 온라인 매체에 연재의 자리를 마련해 주지 않았다면 이 책은 나올 수 없었을 것이다. 연재의 실무를 도와준 《프레시안》의 성현석 기자, 연재 초기부터 이런 책의 필요성에 공감하며 책으로 엮을 것을 제안하고 내 부족한 글쓰기를 다듬어 멋지게 책으로 엮어 준 (주)사이언스북스 편집부에게도 깊이 감사드린다. 함께 보낼 수 있는 시간이 줄어듦에도 나의 글쓰기를 기꺼이 지원해 주신 부모님과 가족에게도 고맙다는 인사를 전한다. 일반 독자를 대상으로 하는 과학 글쓰기에 회의가 생길 때, 가끔 독자들에게서 날아오는 과학 기술에 대한 질문, 격려의 글, 감사의 편지 등이 내 책임감을 일깨우고 계속 글을 쓰게 하는 중요한 힘이 되었다. 그분들에게 가장 큰 감사를 전하고 싶다.

2018년 가을 앞에서

송기원

차례

1부

생명을 디자인하다

1장 합성 생물학의 시작

이것은 인간이 '직접 만든' 생명체입니다

2010년 인간에 의한 생명체의 합성에 관한 한 논문 이후 반짝했다가 사라졌던 합성 생물학이라는 용어가 2016년 미국에서 인간 유전체 합성 계획이 발표되면서 다시 관심을 끌었다. 전혀 어울리지 않는 상반되는 의미의 두 단어인 '합성'과 '생물'이 만나 이루어진 합성 생물학이란 도대체 무엇을 연구하는 것이고, 어떻게 시작된 것일까?

지금의 의미와 유사한 '합성 생물학'이라는 단어는 미국 위스콘신 대학교 교수였던 유전학자 바슬라프 시발스키(Waclaw Szybalski)가 처음 사용한 것으로 보인다. 그는 1978년 DNA의 특정 **염기 서열** 부분을 인식해 절단할 수 있는 **제한 효소**(restriction enzyme)를 발견한 공로자들에게 노벨상이 수여되자 과학 학술지 《진(*Gene*)》에 제한 효소에 대한 글을 실었다. 그는 "제한 효소의 발견은 우리에게 재조합 DNA 분자를 쉽게 만들고 개별 유전자를 쉽게 분석할 수 있도록 해 주었다. 이뿐 아니라, 제한 효소는 이미 존재하는 유전자들을 설명하고 분석하는 것을 넘어 새로운 유전자를 조합해 만들고 평가할 수 있는 '합성 생물학'의 새로운 시대로 우리를 이끌 것이다."라고 썼다.[1] 20세기 후반 생명 과학이 어떤 방향으로 흘러갈지를 미리 내다본 그의 선견지명은 지금 봐도 놀랍다. 그 후 잠시 잊혀졌던 합성 생물학이라는 단어는 '포스트 게놈 시대'의 도래로 다시 부활했다.

1990년 인간 유전체의 정보를 모두 읽어 내자는 목표로 시작되었던 인간 유전체 계획이 2003년 99.9퍼센트의 정확도로 종료되었다. 그 이후 유전체 정보를 읽는 비용이 기하 급수적으로 떨어지면서 우리는 자신의 유전 정보를 모두 알 수 있는 포스트 게놈 시대를 살게 되었다. 포스트 게놈 시대의 도래는 인간을 포함한 모든 생명체의 유전 정보를 쉽게 얻고 공유할 수 있게 되었음을 의미한다.

셀레라 지노믹스(Celera Genomics)라는 민간 회사를 만들어 인간 유전체 계획을 주도했던 과학자 가운데 한 명인 크레이그 벤터(Craig Venter)는 이미 2000년 유전체학 발전 센터(The Center for the Advancement of Genomics)를 설립하고 합성 생물학이라는 새로운 개념을 이야기했다. 2005년 그는 미생물 유전체를 변형해 생화학 물질과 바이오 연료(biofuel)를 만드는 신테틱 지노믹스(Synthetic Genomics)를 설립했고, 본격적으로 합성 생물학 연구를 수행하기 위해 2006년 유전체학 발전 센터 등 몇 개의 기관을 통합해 자신의 이름을 딴 J. 크레이그 벤터 연구

그림 1.1 합성 생물학의 선구자로 꼽히는 크레이그 벤터.
© Sciencephoto.

소(J. Craig Venter Institute)를 설립했다. 다양한 생명체의 유전자를 다 읽어 낼 수 있는 능력을 갖추게 되었으니 이제 역으로 유전 정보를 조립해 새로운 생명체를 만들어 내는 연구를 시작한 것이다.[2]

합성 생물학은 새로운 과학 개념들이 그렇듯 아직 뚜렷하게 정립되지 않은 개념으로, 연구의 의도에 따라 다양하게 정의되고 있다. 합성 생물학이란 용어가 가장 많이 통용되고 있지만, 연구자마다 자신의 연구의 초점에 따라 자연 공학(natural engineering), 합성 유전체학(synthetic genomics) 등으로도 부르고 있다.

미국의 대통령 직속 국가 생명 윤리 연구 위원회(Presidential Commission for the Study of Bioethical Issues, PCSBI)는 2010년 합성 생물학을 “기존 생명체를 모방하거나 자연에 존재하지 않는 인공 생명체를 제작 및 합성하는 것을 목적으로 하는 학문"이라고 정의했다.[3] 즉 자연 세계에 존재하지 않는 생물의 구성 요소와 시스템을 설계하고 제작하거나 자연 세계에 이미 존재하는 생물 시스템을 재설계해 새로이 제작하는 분야인 것이다. 이러한 관점에서 합성 생물학은 '생명을 합성해 내는 학문'으로 인간이 조물주의 영역에 가장 가깝게 다가가려는 시도로도 해석될 수 있다.

기술적으로 유전 정보를 합성하고 생물 시스템을 재구성하는 합성 생물학은 두 가지 중요한 기술적 진보가 있어 가능해졌다.

첫째, DNA를 구성하는 염기, 당, 인 등 원재료로부터 DNA의 구성 단위인 뉴클레오타이드를 연결해 유전자를 합성하는 기술이 급속히 발전했고 그 비용은 급감했다. 현재 많은 회사가 주문에 따라 DNA를 합성해 주는 서비스를 제공하고 있고 비용도 최근에는 각 뉴클레오타이드당 20~25센트 정도로 아주 저렴하다. 평균 유전자 길이인 수천 개의 뉴클레오타이드를 갖는 DNA는 주문하면 2~3일 내로 합성해 배달해 준다. 오랫동안 DNA 합성 기술의 한계는 긴 길이의 DNA를 정확하게 합성하기 어렵다는 것이었다. 이런 정확도의 한계도 많이 극복되어 이제 한 번에 수만 개의 염기 서열을 갖는 DNA를 아주 작은 오류 범위 내에서 합성할 수 있게 되었다.[4]

둘째, 2007년 이후 **차세대 염기 서열 해독 기술**(next generation sequencing, NGS)이 빠르게 발달함에 따라 DNA 염기 서열을 해독하는 비용이 기하 급수적으로 감소했다. 또 전체 유전체를 읽어 내는 속도가 매우 빨라졌으며 정확도도 아주 높아졌다. 그 결과 다양한 생물의 유전체가 해독되었고, 그 정보들이 축적되면서 생명체를 디자인하는 데 필요한 유전자의 종류가 무엇인지 빠른 속도로 밝혀졌다. 재미있는 예가 벤터의 세계 대양 표본 조사 원정대(Global Ocean Sampling Expedition)다. 그는 인간 유전체 계획이 끝나고 난 후 합성 생물학 연구소인 J. 크레이그 벤터 연구소를 창립하기 전까지 2년간 다양한 유전자 정보 축적을 위해 배를 타고 오대양을 돌며 바다 미생물들을 채취하고 그들의 유전 정보를 읽어 냈다. 이렇게 NGS의 발달로 합성된 DNA 염기 서열의 정확도도 쉽게 검사할 수 있게 되었다.[5] 요즘 개인이 자신의 유전체 전체를 해독하는 가격은 100만 원을 약간 웃도는 정도이고, 유전체 중 실제로 발현되는 유전자 검색은 80만 원 정도면 쉽게 가능하다.

합성 생물학자가 자신이 의도한 생명체를 만들고 이를 가능하게 하는 유전체를 설계하기 위해서는 다양한 유전 정보를 분석하는 정보 기술과 나노(10억분의 1) 수준의 화학적 미세 조작 기술 등이 필요하다. 따라서 합성 생물학은 생명 공학, 정보 공학, 나노 기술 등이 결합한 대표적인 융합 학문이라고 할 수 있다.[6]

인간 유전체 계획 이후의 비전을 합성 생물학이라고 제시했던 벤터는 그의 연구소에서 수행한 합성 생물학 연구의 첫 번째 결과로 2010년 5월 「화학적 합성 유전체에 의해 조절되는 세균 세포의 창조(Creation of a bacterial cell controlled by a chemically synthesized genome)」를 《사이언스》에 발표했다.[7] 논문 내용은 동물의 장 속에 기생하는 미코플라스마 미코이데스(*Mycoplasma mycoides*)라는 아주 단순한 세균의 유전체를 모두 인공적으로 합성해 이 세균에 이식시키고, 합성 유전체를 이식한 세균이 원래 가지고 있던 유전체는 제거해 실험실에서 합성된 유전체 정보만으로 유지되는 새로운 생명체(Syn 1.0)를 만들었다는 것이다. 이 새로운 생명체는 생명의 가장 큰 특징인 '자기 복제를 통한 재생산과 대사' 같은 정상적인 기능을 수행했다.

내용을 보면 단순히 생물의 유전체만 인공 유전체로 바꿔치기한 것이므로 순수한 의미의 생명 창조라고 보기는 어렵다. 그러나 이 논문을 통해, 데이터베이스의 유전 정보를 이용해 생명체를 디자인하고 디자인에 따라 유전 정보를 합성하며 합성한 유전 정보에 따라 생명체가 유지되는 새로운 시대가 열렸다고 평가할 수 있다. 이 연구진은 연구를 지속해 2016년 3월, 또 다른 합성 생명체 Syn 3.0을 만들었다고 《사이언스》에 발표했다.[8] Syn 3.0의 제작 목적은 생명 유지에 필요한 최소 유전자를 알아내는 것이었다. Syn 3.0의 유전체는 Syn 1.0 유전체의 절반 크기였고 유전자를 채 500개도 갖고 있지 않았다. 생명체를 구성하기 위한 최소의 유전 정보와 유전자 수가 밝혀진 것이다.

과학자들은 왜 합성 생물학을 생명 과학 연구의 새로운 비전(vision)으로 여길까? 합성 생물학 연구를 통해 과학자들은 무엇을 알고자 하는 것일까? 과학자들은 합성 생물학을 이용해 어떻게 지구의 역사에서 처음으로 생명체가 탄생하고 유지되었는지 그 비밀을 밝히려 한다. 즉 어떻게 물질에서 생명으로 급격한 변화가 가능했는지의 과정을 이해해 생명의 본질을 밝혀내는 것을 목적으로 하는 것이다.

실제로 벤터 연구 그룹은 최초의 합성 생명체 Syn 1.0을 만들

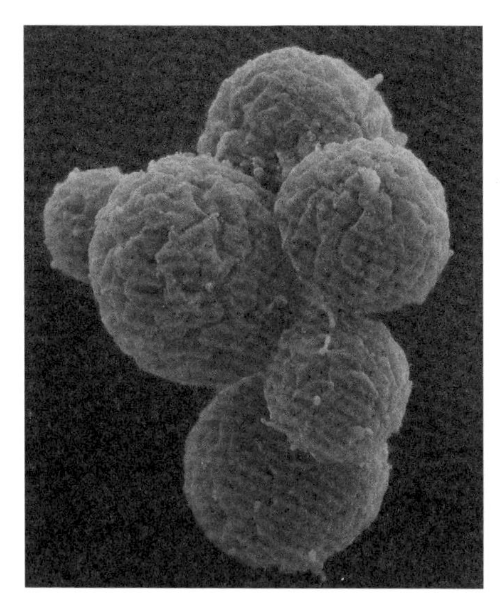

그림 1.2 2016년 3월에 만들어진 합성 생명체 Syn 3.0.
© Sciencephoto.

면서 그 합성 유전체의 염기 서열 내에 연구에 참여한 연구원 전원의 이름과 물리학자 리처드 파인만(Richard P. Feynman)이 죽기 전 남겼다는 "만들어 낼 수 없다면 이해하지 못한 것이다."라는 뜻의 문구 "What I can not create, I do not understand."를 새겨 넣었다. 이 문구는 벤터가 추구하는 합성 생물학의 목적을 한 문장으로 요약하고 있다. 만들어 낼 수 없다면 이해하지 못한 것이므로 생명체를 진정으로 이해하기 위해서는 이것을 인공적으로 만들어 봐야 한다는 것이다. 합성 생물학을 통해 생명에 대한 궁극적인 지식을 얻겠다는 뜻이기도 하다. 물질에서 생명이 어떻게 나왔는지 이해하려면 생명이 아닌 물질로 생명을 직접 만들어 보는 것보다 좋은 방법은 없다는 생각이다. 실제로 벤터는 2013년 쓴 그의 두 번째 책 『빛의 속도로 나아가는 생명(*Life at*

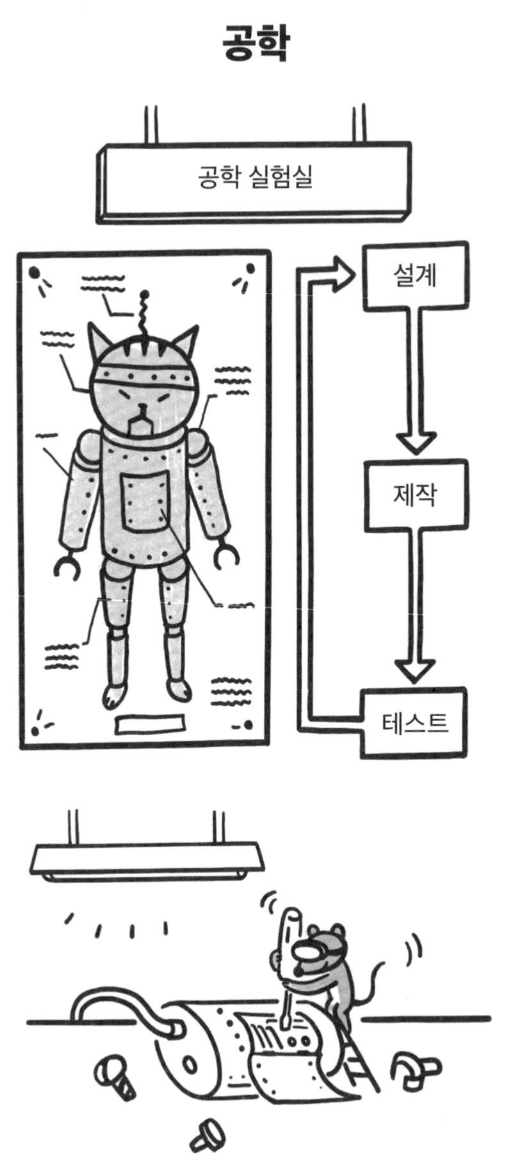

그림 1.3 합성 생물학에는 "만들어 낼 수 없다면 이해하지 못한 것이다."라는 공학 정신이 포함되어 있다.

합성 생물학

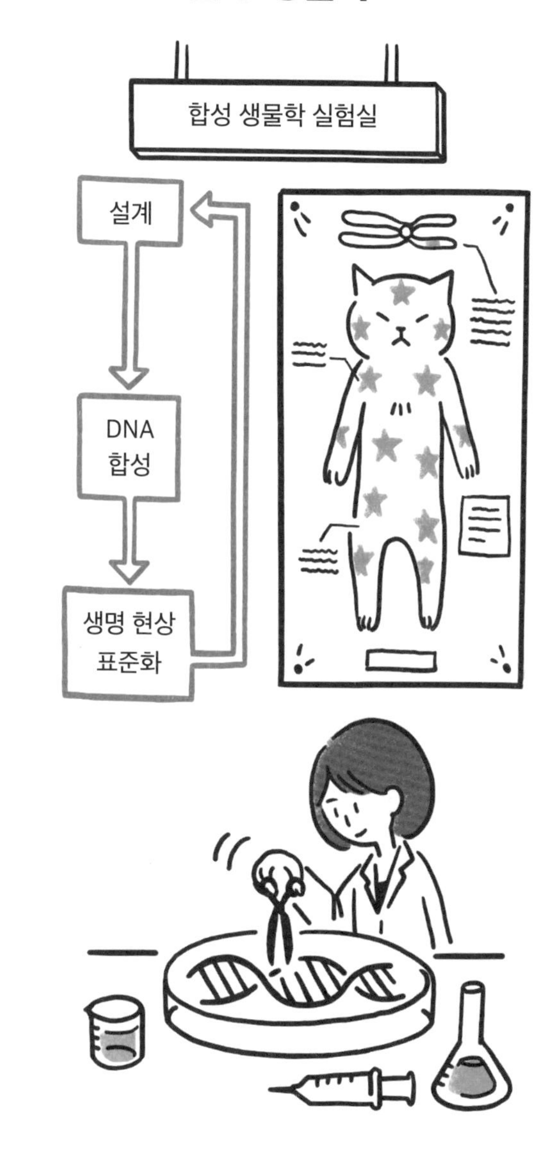

the Speed of Light)』에서 "나는 진정한 인공 생명을 창조해서 우리가 생명의 소프트웨어를 이해하고 있다는 사실을 보여 줄 생각이다."라고 말했다.[9]

생명의 작동 원리를 밝히고자 하는 학자들의 호기심을 동력으로, 화학 물질에서 시작해 생명체의 구성 요소를 만들고 더 나아가 궁극적으로 생명체까지 만들어 가는 과정을 향해 합성 생물학은 지금도 앞으로 나아가고 있다.

2장 합성 생물학의 출현

기계도 만드는데, 생명체는 왜 못 만드나?

과학 연구를 칭하는 영어 단어 'research'를 보면 연구라는 것은 이미 누군가가 발견해 놓은 것(search)을 다시(re) 찾는 일이라는 의미가 담겨 있다. 모든 과학 연구는 그 뿌리가 되는 연구와 후속 연구가 있다. 마찬가지로 오늘의 우리를 당혹스럽게 하는 생명 과학의 새로운 방향인 합성 생물학도 21세기에 갑자기 튀어나온 이야기가 아니다. 그렇다면 자연 세계에 존재하지 않는 생물 구성 요소와 시스템을 설계하고 제작하거나, 자연 세계에 이미 존재하는 생물 시스템을 재설계해 새로이 제작하고자 하는 합성 생물학은 어떻게 발전되어 오늘에 이른 것일까?

그 뿌리는 멀리 19세기까지 거슬러 올라간다. 19세기에는 근대 생명 과학의 뿌리가 되는 생물학 분야의 중요한 두 가지 발견이 있었다. 이 발견은 생명체에 대한 시각과 생명 과학의 연구 방향을 완전히 바꿔 놓았다.

첫 번째 발견은 찰스 로버트 다윈(Charles Robert Darwin)의 진화론이다. 진화론은 생명체가 계속 변화하며 환경에 따라 변이된 개체 중에서 생존에 유리한 것이 선택된다는 '자연 선택(natural selection)'의 개념을 담고 있다. 진화론은 지구의 모든 생명체는 자연 선택을 거쳐 지구에 존재하게 되었고 물론 인간도 예외가 아니라는 관점으로 생명체 전체를 보편적으로 인식할 수 있는 생각의 틀을 제공했다. 겉으로야 모두 다른 모습을 하고 있지만 생명체의 내부에 공통적인 작동 원리가 존재한다는 인식은 생명의 원리를 찾고자 하는 20세기 생물학 발전을 가능하게 했다.

두 번째 발견은 그레고어 멘델(Gregor Mendel)의 유전 법칙이다. 멘델은 생명체에는 '유전 인자'라고 불릴 수 있는 물질이 존재하며 유전 인자의 전달과 발현에는 특정한 규칙이 존재함을 밝혔다. 사실 멘델 이전에도 부모의 특성이 자녀에게 전해진다는 '유전'에 대한 개념은 존재했지만 지금 우리가 알고 있는 것과는 사뭇 다른, 동양에서 이야기하는 '기(氣)'에 가까운 개념이었다. 그렇기에 유전 인자는 인간이 예측하거나 통제할 수 없는 것이라 여겨졌다. 멘델은 이것을 실험을 통해서 반박하고 유전적 표현형을 수학적으로 예측할 수 있음을 보였다.

20세기에 들어서며 유전 인자라는 개념은 더 구체화된다. 1910년 컬럼비아 대학교의 토머스 헌트 모건(Thomas Hunt Morgan)이 초파리를 이용해 멘델이 주장했던 유전 인자가 각 세포의 핵 속에 있는 염색체에 있음을 밝혔다. 그 후 1941년 두 과학자 조지 비들(George Beadle)과 에드워드 테이텀(Edward Tatum)에 의해 유전 인자가 단백질을 만들어 냄으로써 생명체의 특성이 발현된다는 사실이, 1944년 오즈월드 에이버리(Oswald Avery) 등의 실험을 통해 우리 몸을 구성하는 여러 화학 물질 중 DNA가 유전 인자를 구성함이 차례로 밝혀졌다. 생명체는 유전자의 유전 정보를 바탕으로 만들어지며, 이 유전자는 DNA 분자에 기록되어 있었다.

1944년 물리학자 에르빈 슈뢰딩거(Erwin Schrödinger)는 『생명이란 무엇인가(*What Is Life?*)』에서 "유전자를 정보 운반체로 간주해야 한다."라고 주장했다.[1] 이 책에 감명을 받았던 제임스 왓슨(James Watson)은 1953년 프랜시스 크릭(Francis Crick)과 함께 이중 나선 구조인 DNA가 생명의 정보를 담고 있다고 밝혔다. 이중 나선 구조는 유전 인자의 속성인 정보, 변이, 복제를 모두 설명하기 용이한 구조였다. DNA 구조가 밝혀진 이후 생명체의 정보를 담은 DNA의 작동 원리에 대해 연구하는 분자 생물학은 꾸준히 발달을 거듭하며 생명체를 바라보는 인간의 시각을 서서히 변화시켰다.

DNA 구조 발견 이후 생명의 암호는 DNA라는 화학 물질로 환원되었으며 유전자는 정보 운반체로 간주되었다. 다양한 생명 현상은 DNA와 DNA 정보에 따라 만들어진 단백질이라는 화학 물질의 생화학적 작동 방식으로 이해되기 시작했다. 그리고 다양한 유전자로부터 만들어진 단백질로 새로운 조절 시스템이 조합되고 기능을 수행하는 과정이 밝혀졌다.

한편 1970년대와 1980년대에는 **유전자 분리 기술**(gene cloning)과 **중합 효소 연쇄 반응**(polymerase chain reaction, PCR) 등 **DNA 재조합**(DNA recombination)에 필요한 기술이 발전해 유전자 조작이 광범위하게 퍼져 나갔고 인공적으로 유전자의 발현을 조절하는 기술적인 방법이 제공되었다. 그리고 2003년 인간 유전체 계획의 완결을 통해 생명 현상을 전체 유전 정보의 시스템으로 이해할 수 있는 기반이 놓였다.

인간 유전체 계획의 진행에 따라 유전체 정보인 DNA 서열을 기계로 자동으로 읽어 내는 기술과 이렇게 축적된 다량의 유전자 서열 정보를 처리하는 컴퓨터 기술이 발전했다. 이런 기술들을 통해 인간뿐 아니라 효모를 비롯한 여러 미생물, 초파리, 선충, 쥐, 침팬지 등 다양한 생물의 유전체를 구성하는 유전자의 데이터가 축적되기 시작했다.

또 생물의 체내에 존재하며 다양한 생화학 반응에 참여하는 RNA(ribonucleic acid, 리보핵산), 단백질, 지방과 같은 대사 물질을 측정하는 기술이 발달해 생명의 최소 단위인 세포의 주요 요소와 그들의 상호 작용에 관한 광범위한 목록을 작성하는 것이 가능해졌다. 그 결과 생명 활동을 가능하게 하는 다양한 분자의 상호 작용에 대한 분자 생물학적 데이터를 기반으로, 생명체 기능을 전일적(holistic) 시각에서 유전자나 단백질 정보의 네트워크로 조망하는 **시스템 생물학**(systems biology)이 출현했다.

'계 생물학'이라고 하기도 하는 시스템 생물학은 복잡한 생물계의 다양한 기능을 수학적 모형으로 설명하려는 생물학의 전통과 컴

그림 2.1 합성 생물학은 생명체를 기계로, 유전자를 그 부품으로 본다.

퓨터를 이용한 유전자 데이터 분석이 결합된 학문이다. 유전체 해독과 분자 생물학 연구를 통해 생리 작용에 관여하는 유전자들의 상호 작용 정보가 축적되었는데, 이 유전자 데이터를 컴퓨터로 분석해 수학적으로 모형화하는 것이다. 이에 2002년 미국 국립 과학 재단(National Science Foundation, NSF)은 전체 세포의 기능을 수학적으로 모형화하는 것을 21세기 시스템 생물학의 과제이자 나아갈 방향으로 설정하게 된다.

데이터 축적과 컴퓨터 도입으로 컴퓨터 과학과 공학 분야에서 활용되던 모듈(module) 개념이 시스템 생물학에도 도입되었다. 서로 분리된 세포들이 상호 작용해 만들어지는 생명 현상을 네트워크를 이룬 모듈들의 상호 작용으로 이해하는 새로운 관점이 제시된 것이다.

인간 유전체 계획이 완료된 이후 일부 젊은 공학자를 중심으로 공학의 컴퓨터나 기계의 모듈처럼 생명체도 각각의 세포들과 세포들 사이의 상호 작용을 모듈과 모듈의 상호 작용으로 이해해서 접근하면 생명체 시스템의 합리적인 조작이 가능할 수 있다는 생각이 구체화되었다. 이 생각에 따라서 생명체라는 시스템을 구성하는 각 부품(part)을 만들어 내고 기능적 모듈을 디자인하는 접근법을 따르는 합성 생물학이 고안되었다.

사실 생물학에 시스템이라는 개념을 처음 도입한 것도 노버트 위너(Norbert Wiener) 같은 공학자였다. (위너는 제어 계측 공학과 사이버네틱스(cybernetics)의 창시자로 유명하다.) 생명체를 기능 모듈이 모인 시스템으로 보는 그들의 실용적 접근은 '생명체를 DNA라는 소프트웨어가 담긴 유전자 회로로 구성된 하나의 기계'로 인식하는 데서 출발한다. 그리고 그 목표는 원하는 물질을 생산하기 위해 유전자 정보를 조합해 모듈을 설계하고 이것을 다시 시스템적으로 통합해 가장 효율적인 생산 설비인 생명체를 구축하는 것이다.

합성 생물학을 DNA 재조합 기술의 단순한 확대로 해석하는 과학자들도 있다. 그러나 2000년부터 이러한 새로운 접근법을 통해 자연에 존재하는 시스템을 연구하거나, 잠재적으로 생물 기술이나 질병 치료에 응용할 수 있는 부품으로 인공적인 조절 네트워크를 설계하려는 시도가 실제로 이루어지기 시작했다. 본격적인 합성 생물학의 시작으로 2000년에 발표된 두 논문이 주로 언급된다. 전자 회로를 모방해 세포 내 특정 생물학적 기능의 부품인 합성 생물 회로를 디자인하고 만들 수 있다는 내용이다. 캘리포니아 공과 대학의 마이클 엘로위츠(Michael B. Elowitz) 등의 논문은 세포 내 기능 네트워크를 이해하기 위해 특정 기능의 합성 네트워크를 만들어 실행시켜 보는 접근을 제안했고,[2] 당시 보스턴 대학교 박사 과정 연구원이었던 티모시 가드너(Timothy S. Gardner)가 제1저자인 논문은 유전자 발현을 억제하는 프로모터 2개를 조합해 대장균에서 작동하는, 단순하게 켜거나 끌 수 있는 유전자 스위치를 만들었다고 보고했다.[3] 이 두 논문을 기점으로 새로운 기능의 생체 모듈을 설계하고 만들고자 하는 합성 생물학 연구는 빠른 속도로 확산되기 시작했다. (엘로위츠는 2007년 '천재상'으로도 유명한 맥아더 펠로십에 선정되었고, 가드너는 2002년 생명 공학 회사인 셀리콘 바이오테크놀로지스(Cellicon Biotechnologies Inc.)를 설립해 합성 생물학의 상업화에 힘쓰고 있다.)

오늘날 합성 생물학 기술은 이러한 실용적 관점의 연장선 위에 있다. 실제로도 인류가 직면한 식량, 환경, 의료 등 여러 난제를 해결해 줄 현실적인 대안으로 각광받고 있다. 현재 미국 등 여러 선진국을 비롯해 우리나라에서도 생명 공학 분야가 나아갈 방향으로 합성 생물학을 주목하는 이유가 여기에 있다.

3장 생명체의 기계화

생명 블록 쌓기

우리는 과학 기술을 대할 때 흔히 두 가지의 상반된 태도를 보인다. 첫 번째는 지금 우리가 해결할 수 없는 인류의 난제를 과학 기술의 발전이 모두 해결해 주리라고 믿는 순진하고 막연한 낙관이다. 두 번째는 예를 들어 합성 생물학처럼 새로운 개념의 과학 기술이 빠른 속도로 다가올 때 가지게 되는 막연한 불안감과 논리적으로 설명할 수 없는 거부감이다.

이 두 태도는 개인마다 다르게 나타나기도 하고, 개인 안에 혼재되어 나타나기도 한다. 우리는 쉽게 과학 기술에 대해 이러한 이중적인 태도를 갖는다. 특히 인간의 욕망을 등에 업은 첫 번째 태도는 새로운 과학 기술의 발전을 용인한다.

합성 생물학 연구의 두 가지 큰 흐름 중 기본 화학 물질로부터 생명체의 작동을 위한 유전 정보 전체인 유전체를 합성해 생명의 본질을 알아내겠다는 과학자들의 접근은 인간이 생명체를 만드는 것이 위험한 발상이 아닌가 하는 생각을 불러일으키며 과학 기술에 대한 거부 반응을 쉽게 유발한다. 그러나 우리가 직면한 식량 문제, 환경 문제, 의료 문제를 합성 생물학으로 해결할 수 있다는 관점에서 보면 위험해 보이던 합성 생물학 기술이 갑자기 인류에게 꼭 필요한 과학 기술로 여겨진다. 막상 그 내용을 들여다보면 연구의 궁극적인 목적이 다를 뿐 양자가 사용하는 방법이나 기술은 거의 같다. 동전의 앞면과 뒷면인 셈이다.

실용 목적의 합성 생물학은 생명체를 'DNA라는 소프트웨어가 담긴 유전자 회로로 구성된 하나의 기계'로 생각한다. 따라서 당연히 가장 효율적인 생산 설비인 생명체를 설계하고 구축하는 것을 목표로 한다. 원하는 물질을 생산하기 위해 화학 반응을 일으키는 기계장치를 만드는 대신 유전 정보를 조합해 생명체 내에서 작동할 수 있는 모듈을 설계하고, 이를 다시 어떤 생물의 체내에 시스템적으로 통합시키는 것이다. 이런 목적으로 이미 존재하는 생명체를 변형시킬 수 있고 필요하면 새로운 생명체를 디자인할 수 있다.

초기부터 합성 생물학 연구에 참여해 온 스탠퍼드 대학교의 에릭 쿨(Eric T. Kool) 교수는 기존의 DNA를 변형시킨 새로운 유전 정보로 작동하는 시스템을 제작하고 있다. 그는 합성 생물학을 이렇게 정의한다.

> 합성 생물학은 공학적인 개념을 생물학에 적용한 것으로 현재의 생물계로서는 할 수 없는 일을 수행할 수 있도록 재설계 과정을 거쳐 생명체나 바이오 시스템을 만드는 데 그 목적이 있으며 …… 먼저 새로운 표준화, 규격화된 생물 부품을 만들어 내고 그 부품을 서로 조립해서 하나의 소자를 만든 후 이를 조립해 새로운 하나의 바이오 시스템을 만드는 것이다.[1]

우리는 생물 수업 첫 시간에 생명의 기본 단위는 세포라고 배워 왔다. 그러나 합성 생물학의 정의에 따르면 앞으로 세포는 복잡한 기계 장치이며 유전자 조합이라는 기본 부품으로 이루어진 일종의 소자라고 배워야 할 판이다. 합성 생물학의 이 정의에 따를 것 같으면 유전자라는 '생명의 부품'을 새로 조합해 넣거나 뺌으로써 세포라는 기계 장치를 직접적으로 조작하거나 새로운 장치로 탈바꿈시킬 수도 있는 것이다.

예를 들어 식물 세포에서 광합성 작용을 담당하는 세포 소기관과 각종 효소의 구조를 파악한 후, 이것을 세포 밖에서 만들어 낼 수 있다. 이렇게 되면 나노미터 수준의 에너지 생산 '장치'가 탄생하는 셈이다. 또 비슷한 방식으로 의약품 생산, 오염 물질 제거 등 인간의 목적대로 디자인된 인공 생명체를 개발할 수 있다.

합성 생물학에 대한 공학적 접근은 자연계에 존재하는 생명체의 유전자를 모두 분리한 후 변형 및 재조합하는 방법을 취한다. 학부 때 토목 공학을 전공하고 합성 생물학의 공학적 접근을 주도한 스탠퍼드 대학교 드루 엔디(Drew Endy)는 합성 생물학을 다음과 같이 정의했다. "합성 생물학은 생명체를 제작하기 쉽게 하는 것으로 생명체의 생명 현상을 컴퓨터 부품처럼 단순화하고 이로부터 인간에게 유용한 특성과 물질을 대량으로 얻겠다는 것이다."[2] 그는 원하는 목적에 따라 유전자나 그 일부를 마치 레고 블록처럼 만들어 다양하게 조합한 후 미생물에 삽입하는 연구를 진행하고 있다. 합성 생물학을 주도하는 과학자인 캘리포니아 주립 대학교 버클리 캠퍼스의 제이 키슬링(Jay Keasling)은 엔디와 함께 식물의 유용(有用) 유전자를 대량으로 미생물에 삽입해 미생물을 살아 있는 미세 화학 공장으로 이용하려는 연구를 진행하고 있다.

생명체 유전자의 재조합을 통해 인간에게 유용한 특성과 물질을 얻기 위해 합성 생물학자들은 유전체 변형 과정을 DNA, 부품(part), 설비(device), 시스템(system)의 순차적 4단계로 구분한다. 여기서 DNA는 유전 물질, 부품은 DNA의 유전자가 모여 기본적인 기능을 수행하는 모듈, 설비는 인간이 요구하는 기능을 수행하는 모듈의 조합, 그리고 시스템은 이런 다양한 설비의 조합을 의미한다.

합성 생물학에 대한 공학적 접근의 가장 성공적인 보기가 바로 말라리아 치료제인 아르테미시닌(artemisinin)의 대량 생산이다. 세계 보건 기구(World Health Organization, WHO)의 보고서에 따르면 모기를 통해 전염되는 말라리아는 2013년 한 해 동안 58만 4000명의 생명을 앗아 간 질병으로 열대열원충(*Plasmodium falciparum*)이 그 원인이다.[3]

인류는 그동안 말라리아에 대한 적절한 치료제를 가지고 있지

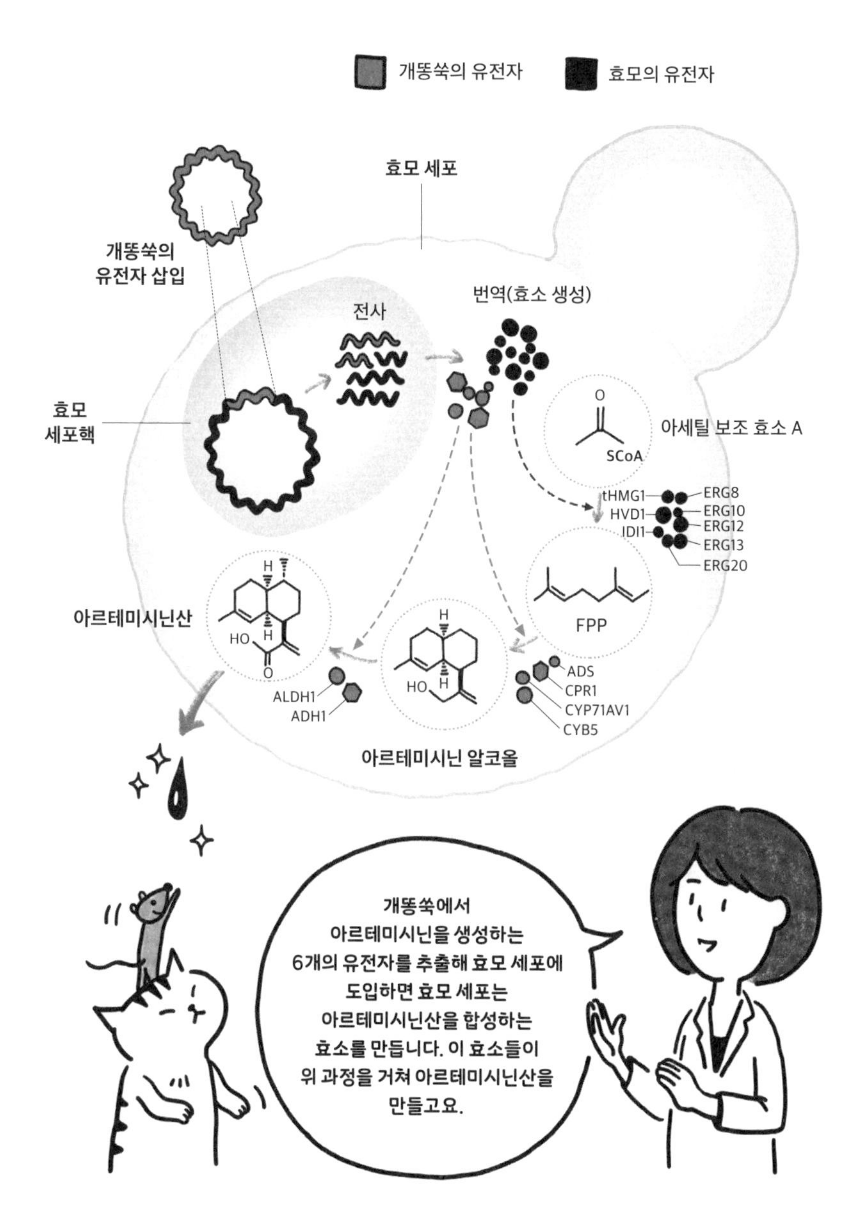

그림 3.1 말라리아 치료제 아르테미시닌을 만들어 내는 유전자를 기계 부품처럼 대장균과 효모에 집어 넣어 아르테미시닌을 대량 생산할 수 있다.

못했다. 중국의 재야 과학자 투유유(屠呦呦)는 중국인들이 오래전부터 한약재로 사용해 오던 개똥쑥의 아르테미시닌 성분이 말라리아 열원충을 효율적으로 제거할 수 있다고 밝혔고 그 공로로 2015년 노벨 생리·의학상을 받았다. 그러나 개똥쑥에서 얻을 수 있는 아르테미시닌의 양이 매우 적어서 치료제 대량 생산에 어려움을 겪고 있었다. 이런 상황에서 키슬링의 연구진이 합성 생물학을 활용해 아르테미시닌 **전구체**(**前驅體**)를 합성해 낼 수 있는 유전자 조합을 개똥쑥에서 추출, 조합해 냈고 이것을 기계 부품처럼 대장균과 효모에 집어넣어 아르테미시닌을 쉽게 대량 생산할 수 있는 길을 열었다.[4]

인류가 직면하고 있는 여러 난제에 대한 마땅한 해결 방안이 없는 현재 우리에게 새로운 가능성으로 다가온 합성 생물학. 아직 합성 생물학에 대한 논의는 시작 단계이지만 여러분에게 묻고 싶다. 합성 생물학은 인류에게 두려운 시도인가 아니면 새로운 가능성인가?

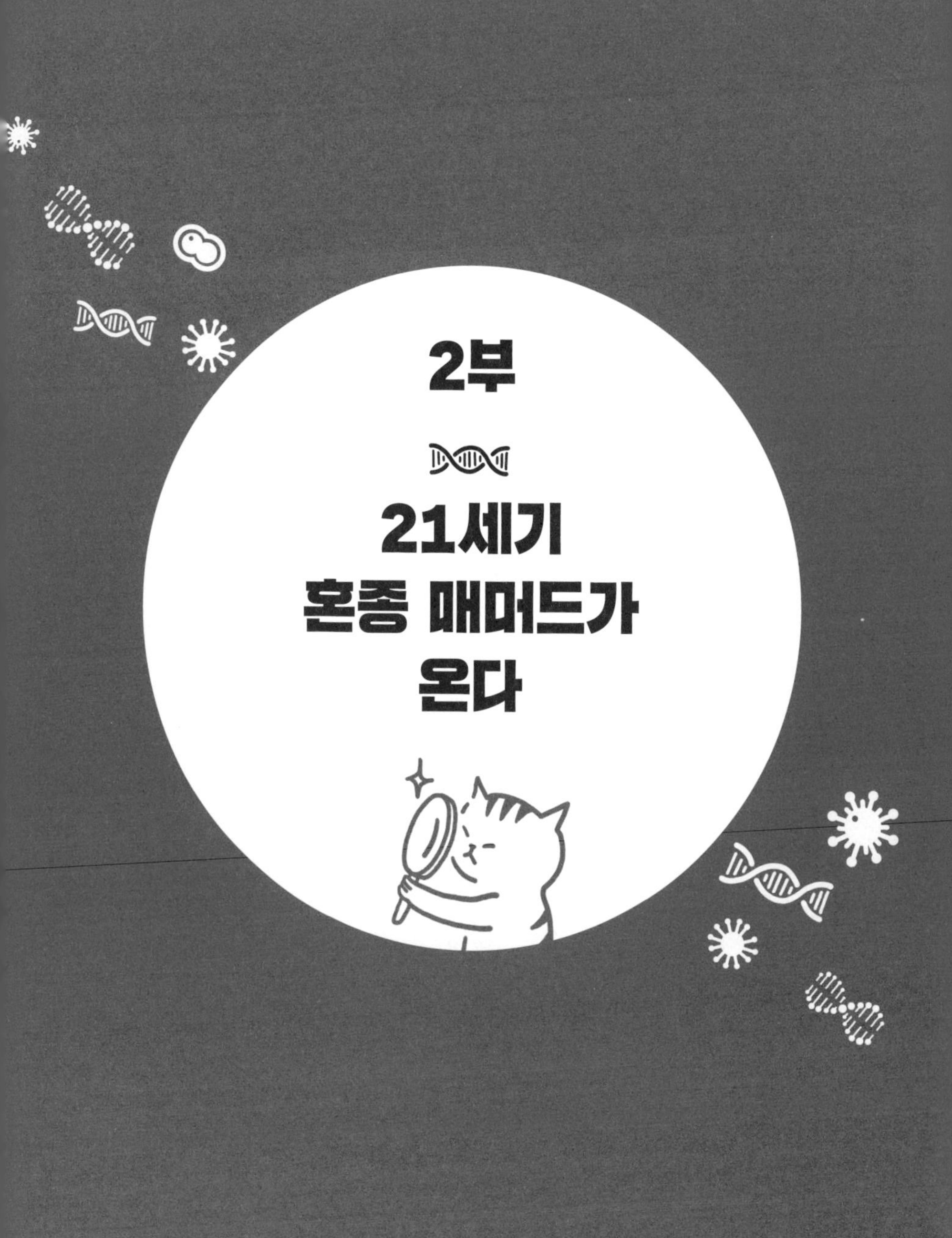

2부

21세기 혼종 매머드가 온다

4장 생명체 변형의 역사

'유전자 조작' 연어는 어떻게 탄생했나?[1]

3장에서 공학자들이 중심이 되어 '생명체를 DNA라는 소프트웨어가 담긴 유전자 회로로 구성된 하나의 기계'로 생각하고, 우리가 원하는 물질을 쉽게 생산할 수 있는 가장 효율적인 시스템으로 생명체를 설계하는 합성 생물학에 대해 논의했다.

아직 기술적으로 복잡한 생명체를 설계하고 만들어 내는 단계까지 이르지는 못했지만, 생명체를 인간의 의도대로 설계하고 만들어 낸다는 것이 독자들에게는 매우 낯설게 느껴질 것 같다. 인간에 의한 생명체의 설계나 변형이라는 것이 멀게는 소설 『프랑켄슈타인』의 '괴물'부터 가깝게는 영화 「옥자」의 슈퍼 돼지 '옥자'까지 이질적이고 때로는 두려운 생명체를 떠올리게 할 수도 있을 것이다. 그러나 좀 더 냉정히 인류의 역사를 되돌아보면, 인간에 의한 생명체의 설계와 변형은 농경이 시작되고 문명이라는 것이 만들어진 신석기 시대와 함께 시작되었다.

인류 역사 가운데 99퍼센트 이상은 수렵이나 채집을 통해 에너지를 얻고 의식주를 해결한 수렵 채집 시대였다. 이후 인류는 농경과 목축을 기반으로 하는 정착 생활을 시작하면서 우리의 식량과 에너지원이 되었던 식물과 동물을 의도적으로 설계하고 변형했다. 인류는 같은 종(種) 안에서 인간에게 유익한 변이를 갖는 개체를 골라내 이들끼리 혹은 보통 개체와 의도적으로 접목하거나 교배시키는 식으로 식물과 동물을 개량했다. 이렇게 해서 야생 늑대로부터 '개'라는 동물 종이 만들어졌고 지역에 따라 야생 옥수수, 벼, 밀 등이 재배에 적합한 품종들로 바뀌어 유용한 식량원이 되었다. 어쩌면 인류 문명의 역사는 인간에 의한 생명체 설계와 변형의 역사라고 바꾸어 말할 수 있을 것 같다. 그러나 오랫동안 이와 같은 생명체 변형은 같은 종끼리의 교배를 통해서만 가능했다. 또 생명체 변형 속도를 높이는 돌연변이 발생은 우연에 맡길 수밖에 없었다.

20세기 후반에 들어서 유전 정보가 DNA라는 화학 물질 형태로 저장돼 있으며 그 유전 정보에 따라 유전자가 단백질을 만들어 냄으로써 생명체의 형질을 발현한다는 사실이 차례로 밝혀졌다. 이러한 정보를 바탕으로 엑스선 같은 방사선이나 화학 물질을 이용해 유전자를 변형시켜 돌연변이를 얻어 내는 것이 가능해졌다. 역사적으로 농부들의 영역이었던 생명체 변형이 과학자들의 영역이 되기 시작했다. 과학자들은 생명체에 대한 유전학적 지식을 품종 개량에 적용해 원하는 형질을 가진 생명체를 만들어 냈다. 이러한 시간을 거치며 과학자들의 생각은 자연스레 유전자를 '선택적으로' 조작할 수만 있다면 인간이 원하는 대로 생명체를 변형할 수 있다는 데에 이르렀다.

20세기 후반 DNA가 생명 현상과 관련해서 기능을 수행하는 메커니즘이 밝혀지면서 분자 생물학이 시작되었다. 그리고 분자 생물학의 발달로 인해 인류의 생명체 변형은 새로운 전환기를 맞았다. 1970년대 중반 이후 분자 생물학은 생명체에서 특정 유전자를 분리하고 그 기능을 알아낼 수 있는 기술을 제공하기에 이른다.

또 DNA의 정해진 특정 염기 서열을 인식해 자를 수 있는 제한 효소라는 '유전자 가위'를 다양한 미생물에서 발견하고 이를 대량 생산해 염기 서열에 따라 DNA를 마음대로 자르고 붙일 수 있게 되었다. 그리고 이때 세균의 조그만 원형 DNA 조각이나 바이러스를 변형해 임의의 유전자를 생명체 내로 쉽게 전달해 발현시키는 유전자 전달책 **벡터**로 개발했다.

유전자 재조합 기술 혹은 **유전 공학**(genetic engineering)이라고 부르는 새로운 과학 기술이 이렇게 해서 발달했다. 자연적인 교배를 통해서는 서로 유전 정보를 주고받을 수 없는 동떨어진 종 사이에 인간의 필요대로 유전자를 교환하고 발현시키는 생명체의 변형이 가능해진 것이다. 생물학에서는 다른 종의 유전자를 넣어 유전 정보를 변형한 생명체를 트랜스제닉(transgenic)이라고 부른다. 언론에 종종 등장하는 GMO 혹은 LMO(living modified organism)가 모두 트랜스제닉이다.

유전 공학의 발달은 우리에게 엄청난 혜택을 가져왔다. 변형된 생명체에서 인간이 원하는 물질을 손쉽게 대량으로 얻게 된 것이다. 대표적인 예가 혈당 조절제로 알려진 인슐린 단백질이다. 당뇨병 환자는 하루에도 몇 번씩 인슐린 주사를 맞아야 한다. 그러나 유전 공학이 태동하기 전까지 인슐린은 동물의 피에서 분리되었고, 1회 주사 분량의 인슐린을 얻기 위해서는 동물의 피가 20리터 이상 필요했다. 따라서 인슐린 주사는 비쌀 수밖에 없었다. 유전 공학의 발달로 사람의 인슐린 유전자를 세균에 주입해 인슐린을 적은 비용으로 대량 생산할 수 있게 되었다. 결과적으로 인슐린 가격이 대폭 싸졌고 많은 환자들이 혜택을 입었다. 1980년 초반 이후 인슐린 외에도 대장균을 비롯한 여러 미생물과 동물에 다양한 종류의 인간 유전자를 주입해 여러 가지 단백질 치료제들을 손쉽게 대량 생산할 수 있게 되었다. 지금도 항바이러스 치료제로 사용되는 면역 인터페론, 성장 촉진 호르몬, 예방 주사용 백신 등이 그것이다.

유전 공학은 우리의 먹을거리가 되는 동식물에 직접 응용되어 그들의 상업적 가치를 높이는 데에도 사용되었다. 1994년 미국의 칼진(Calgene)은 잘 무르고 썩지 않는 토마토를 개발했다. 1995년 미국의 몬산토(Monsanto)는 제초제 라운드업(Roundup, 상품명)에 내성을 가진 콩 라운드업 레디(Roundup Ready, 상품명)를, 노바티스(Novartis)는 병충해에 강한 옥수수를 내놓았다.

이후 상업용 GMO들이 쏟아져 나왔다. 2015년 11월에는 왕연어(king salmon, *Oncorhynchus tshawytcha*)의 성장 호르몬 발현 유전자를 대서양연어(Atlantic salmon, *Salmo salar*)의 유전체에 집어넣어 기존 연어보다

두 배 가까이 크고 훨씬 빠르게 자라는 GMO 연어가 유전자 변형 동물로서는 최초로 미국 식품 의약국(Food and Drug Administration, FDA)의 승인을 얻었다.

GMO 관련 과학 연구와 산업의 급속한 성장 뒤에는 미국 정부의 강력한 지원과 기업의 과감한 투자, 그리고 무엇보다도 기업과 정부 사이의 강력한 협력 관계가 존재한다. 하지만 GMO에 대한 여러 가지 논란은 아직 존재한다. 특히 생태계에 미치는 영향의 불확실성과 생물 종 다양성 감소로 인한 미래의 위기 가능성에 대한 우려가 크다.

인간에 의한 생명체 변형의 역사를 살펴보면 합성 생물학이 최근 갑자기 튀어나온 개념이 아니라는 사실을 깨닫게 된다. 또 지금까지의 역사에서 경제적 이익을 눈앞에 놓고 인류가 생명체 변형을 택하지 않은 경우가 없다는 사실 또한 확인할 수 있다. 합성 생물학의 발전에 따르는 효율성과 경제적 이익을 눈앞에 둔 지금, '생명이란 무엇인가?', 그리고 '합성 생물학의 지향점은 어디인가?'에 관한 상당히 복잡하고 힘든 논의가 예상된다.

바이오브릭으로
두 배 큰 연어를
만들 수 있다니!
BIO BRICK
Cat's LAB
?

내가 바로
연어의
창조자!
일반 연어

냠냠~
ㅋ
ㅋ
ㅋ

5장 합성 생물학의 성과

이 청바지는 옥수수로 만들었습니다

어느 나라에서든 최근 발표되는 국가 핵심 기술 목록에는 반드시 합성 생물학이 포함되어 있다. 버락 오바마(Barack Obama) 전 미국 대통령도 2010년 합성 생물학에 대한 분석을 대통령 직속 국가 생명 윤리 연구 위원회에 직접 의뢰했다. 위원회에서 2010년에 발간한 보고서는 합성 생물학이 재생 에너지와 의료, 보건, 농업, 식품 및 환경 분야 등에 응용될 수 있는 잠재력이 크다고 예측했다. 이 예측에 따라 미국 정부는 정부의 여러 기관이 참여하는 합성 생물학 실무 기관을 만들고 에너지부와 NSF를 중심으로 합성 생물학 연구를 활발히 지원하고 있다. 합성 생물학 분야가 시작된 미국뿐만 아니라 유럽이나 영국 등도 합성 생물학 연구에 대한 지원을 늘리는 추세다. 우리나라의 경우 20년 가까이 합성 생물학 등 유전자 기술을 '10대 차세대 성장 동력' 중 하나로 지정해 왔고, 2017년 발표된 10대 '신성장 동력·원천 기술' 분야에는 좀 더 폭넓게 '바이오·헬스' 분야가 포함되어 있다.

합성 생물학이 그간 어떤 성과를 냈고 또 어떤 가능성을 가지고 있기에 여러 선진국에서 앞다투며 열심히 지원하는 것일까? 그간 가장 눈에 띄는 합성 생물학의 성과는 3장에서 언급했던 2013년 말라리아 치료제 아르테미시닌의 대량 생산 성공이다.

상업적 성과로 대표적인 것은 석유에서 나일론을 처음 개발했던 미국 듀폰(Dupont)이 2009년 개발한 소로나(Sorona)라는 섬유다. 석유나 동식물에서 얻던 기존 섬유와 달리 소로나는 옥수수에서 뽑아낸 당을 원료로 합성 생물학적 방법으로 효모나 세균을 이용해 만들어 내는 '바이오 섬유'다. 즉 생명체인 효모나 세균을 합성 생물학적 방법으로 변형시켜 당으로부터 섬유를 만드는 화학 반응 공정을 수행할 수 있도록 한 것이다. 이렇게 만들어진 소로나는 질기고 얼룩이 잘 남지 않으며 변형도 거의 없다. 소로나로 만든 카펫이나 의류는 커피나 케첩 등을 쏟아도 거의 얼룩이 남지 않기 때문에 매우 인기라고 한다.

게다가 소로나와 같이 합성 생물학으로 만들어진 바이오 섬유는 제조 과정에서 발생하는 온실 기체 배출량이 석유로 합성 섬유를 만들 때보다 63퍼센트 적어 환경 친화적이다. 이런 이유로 석유 화학 분야의 대표 기업이었던 듀폰은 화학 제품의 원료를 석유에서 '**바이오매스**(biomass)'라고 불리는 옥수수와 콩 같은 식물로 바꾸고 있다.

듀폰은 바이오매스로부터 화학 제품을 만드는 합성 생물학 기술 개발에 많은 투자를 하고 있다. 듀폰은 10년 내에 기존 화학 공정의 70퍼센트 이상을 합성 생물학적 공정으로 바꿀 예정이라고 한다.[1] 화석 연료 고갈과 지구 온난화 같은 환경 문제를 동시에 해결하면서 생산성을 유지할 수 있는 거의 유일한 방법이 합성 생물학 기술 개발이라는 것이다. 옥수수나 콩 같은 식용 식물(식량 자원이기도 하다.) 대신 갈대 같은 비식용 원료로 바이오매스를 만들고 이것을 이용하는 기술 또한 합성 생물학을 기반으로 연구되고 있다.

합성 생물학은 바이오 연료 생산에도 응용되고 있다. 동식물 그 자체 또는 이들의 배설물 및 잔재물과 같은 바이오매스에서 얻는 재생 가능한 에너지를 바이오 연료라고 하는데, 합성 생물학 등장 이전부터 바이오 연료를 얻는 방법은 계속 연구되어 왔다. 가장 일반적인 방법이 바이오매스를 태우는 것이다. 그 외에도 화학적 처리를 하거나 세균을 비롯한 미생물에 의한 생물학적 분해 과정을 이용한다.

그러나 미래에는 합성 생물학적 방법을 이용해 바이오 연료를 생산하게 될 것이다. 생분해 등을 효율적으로 하도록 설계된 인공 세균이나 효모가 바이오 연료를 생산할 것이다. 예를 들어 옥수수나 사탕수수 같은 귀중한 식용 작물에서 추출하던 바이오 알코올을, 비식용 작물이나 낙엽과 같은 죽은 식물에서 뽑아내는 합성 생물학 기술이 상용화를 목표로 연구 중에 있다. 미국에서는 해군 시설 엔지니어링 서비스 센터(Naval Facilities Engineering Service Center)와 듀폰 등의 기업이, 한국에서는 SK 이노베이션, GS 칼텍스 등의 석유 화학 기업이 중심이 되어 기술을 개발하고 있다.

몇 년 전에는 미생물로부터 얻은 3종의 효소 유전자를 옥수수에 이식해 잎과 줄기의 셀룰로오스를 에탄올의 원료에 해당하는 탄수화물의 일종으로 전환하는 데 성공했다는 보도도 있었다.[2] 이렇게 되면 옥수수 알곡은 식용으로, 잎과 줄기는 바이오 연료를 만드는 재료로 활용될 수 있다.

인간 세포에 합성 생물학 기술을 직접 적용해 질병 치료에 응용하려는 연구도 활발히 진행 중이다. 마르틴 푸세네거(Martin Fussenegger) 스위스 취리히 공과 대학 교수는 '합성 면역학(synthetic immunology)' 분야를 연구하고 있다. 합성 생물학을 이용해 세포와 조직을 배양하는 과정에서 염색체나 유전자를 인위적으로 변형해 특정한 기능을 수행할 수 있도록 인체의 면역 세포를 재설계하는 것이다. 여기서 재설계된 면역 세포란 세포막에 있는 단백질에 대한 유전자가 변형되어 그 인식 능력이 변화된 세포를 의미한다. 예를 들어 하나의 면역 세포에서 암세포만을 특이적으로 인식하는 단백질을 생산하는 유전자와 암세포를 죽이는 바이러스가 함께 발현하도록 설계할 수 있다. 환자의 혈액에서 꺼낸 면역 세포를 합성 생물학적 기술로 암세포만 인식해 죽이도록 재설계해 다시 체내로 주입하면 암세포만을 선택적으로 죽이는 치료 기술이 된다. 이것이 응용된 예가 26장에서 자세히 설명하는 요즘 새로운 항암 치료법 CAR-T(chimeric antigen receptor T-cell, 키메라 T 세포 수용체)이다.

뿐만 아니라 합성 생물학은 기존의 예방 주사 백신의 생산 과정을 개선하고 개발 속도를 크게 단축했다. 신속한 바이러스 DNA 염기 서열 분석을 통해 변이된 바이러스를 분류하고 이에 대한 컴퓨터

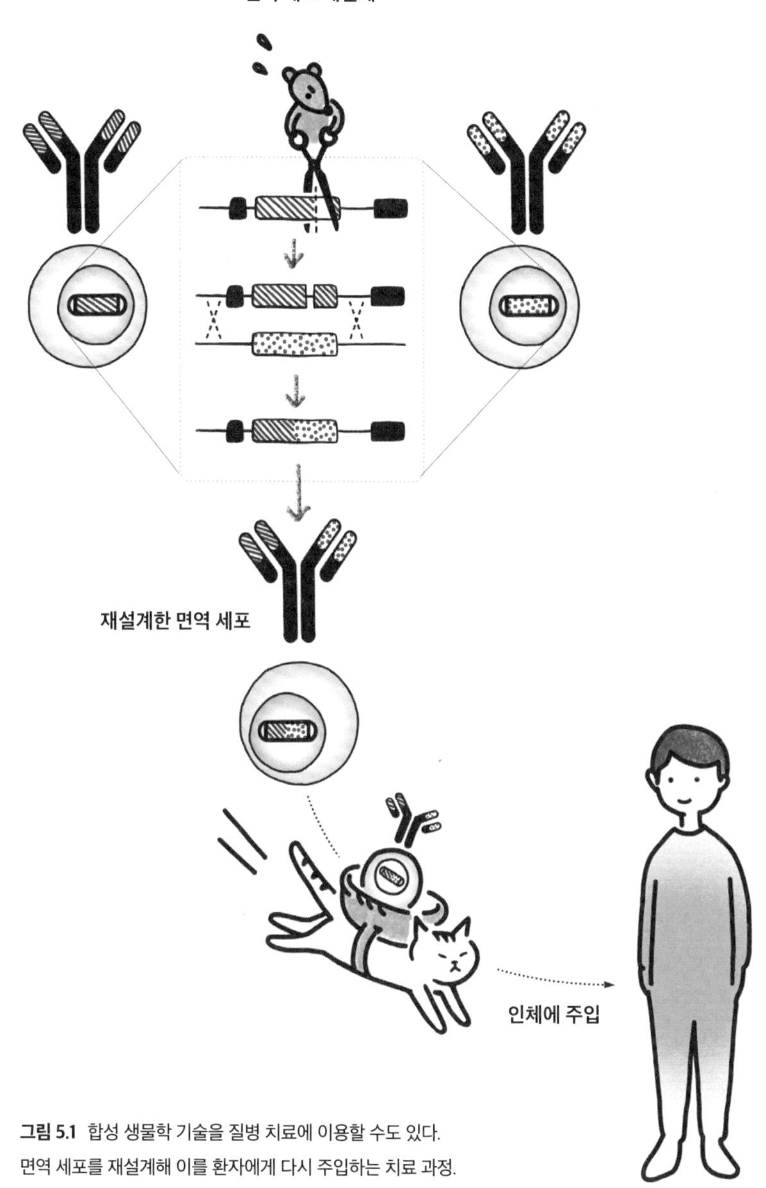

그림 5.1 합성 생물학 기술을 질병 치료에 이용할 수도 있다.
면역 세포를 재설계해 이를 환자에게 다시 주입하는 치료 과정.

모형화로 독성이 제거된 백신을 설계한 후 합성 생물학적 기술로 백신으로 사용될 바이러스 유전 정보를 합성하고 이것을 미생물 등에서 쉽게 대량 생산할 수 있기 때문이다.

이러한 방법을 이용해 세계 최대 규모의 제약 회사인 노바티스는 2013년 중국 상하이를 중심으로 감염이 확산된 H7N9형 조류 인플루엔자(AI) 백신을 불과 며칠 만에 개발했다. 노바티스 연구진은 중국 위생 당국이 인터넷에 공개한 바이러스 DNA 염기 서열을 내려받아 이틀 만에 똑같은 유전 정보의 바이러스를 만들어 냈다. 그리고 나흘 뒤에는 바이러스에서 독성 부분을 제거한 인플루엔자 바이러스를 합성해서 며칠 내로 백신을 대량 생산할 수 있었다.

언급한 성과에서 쉽게 유추할 수 있는 것처럼 이미 진행되었거나 진행 중인 합성 생물학 연구들은 현재 인류가 마주하고 있는 심각한 식량 문제, 의약품 문제, 환경 문제 등을 해결할 수 있는 수단으로 기대를 모으고 있다. 합성 생물학 기술이 가까운 미래에 다양한 분야에 적용되고 상용화되면 인류에게 상당한 도움이 될 것이라는 사실을 부인하기는 어렵다. 합성 생물학 기술은 정말 인류를 괴롭혀 온 오랜 문제들의 해결사가 되어 줄 수 있을까?

6장 멸종 유전체와 동물 복원

16년 전에 죽었던 생쥐가 살아났습니다!

마이클 크라이튼(Michael Crichton)의 소설을 원작으로 1993년 스티븐 스필버그(Steven Spielberg)가 영화로 만든 「쥬라기 공원(Jurassic Park)」은 호박 화석 속의 모기 혈관에 보존되어 있던 공룡의 DNA를 타조 알에 넣어 멸종 공룡을 부활시키면서 일어나는 이야기를 다룬다. 그런데 원작 소설과 영화에 나왔던 복원 공룡은 사실 쥐라기가 아닌 백악기 시대의 공룡이었다.

물론 1993년은 난자의 핵을 체세포의 핵으로 치환해 체세포(somatic cell) 복제 동물을 만드는 것이 가능해지기 몇 년 전이었다. 당연히 합성 생물학 방법을 이용해 유전체 DNA를 복원하는 기술도 없었다. 따라서 이 영화는 개봉 당시로서는 SF 영화였다. 그러나 1996년 복제양 돌리(Dolly)가 탄생했다. 이제 핵을 제거한 난자에 복제 대상

동물의 체세포 핵을 이식해 체세포와 동일한 유전 정보를 갖는 동물을 만드는 것이 기술적으로 가능해졌다. 또 합성 생물학 방법으로 유전체를 합성하는 기술이 급속도로 발전하면서 사라진 바이러스나 동물의 유전체를 복원할 수도 있게 되었다. 더 이상 「쥬라기 공원」은 SF 영화가 아니라 현실이 되었다.

1918년 발생한 스페인 독감은 제1차 세계 대전에서 사망한 사람의 수보다 3배 이상 많은 5000만 명을 희생시킨 20세기 최악의 전염병이었다. 당시에는 분자 생물학이 발전하지 않았기 때문에 스페인 독감 바이러스는 그 정체가 밝혀지지 않은 채 죽은 자들과 함께 사라져 버렸다.

2005년 미국 질병 통제 예방 센터(Centers for Disease Control and Prevention, CDC) 연구진은 합성 생물학을 이용해 사라진 지 90년 가까이 된 스페인 독감 바이러스를 되살려 냈다.[1] 그들은 알래스카 영구동토층에서 약 90년 전에 스페인 독감에 희생된 한 여성의 시신을 발굴했다. 그리고 그 허파 조직에서 스페인 독감 바이러스의 DNA를 채취해 바이러스 유전자의 염기 서열을 읽어 냈다.[2] 연구진은 이 바이러스 유전자 정보에 따라 유전체 DNA를 합성해서 **플라스미드 벡터**(plasmid vector)에 삽입한 후 세포 내로 집어넣었다. 세포 안으로 들어간 스페인 독감 바이러스 유전자 정보로부터 바이러스를 구성하는 단백질과 유전체가 세포 내에서 발현되고 복제되어 수백, 수억 개의 스페인 독감 바이러스로 증식될 수 있었다.

2007년 1월 일본 도쿄 대학교 의학 연구소는 복원된 스페인 독감 바이러스를 원숭이에 감염시키는 실험에 성공했다고 《네이처(*Nature*)》에 발표했다.[3] 물론 단순한 호기심에 이 치명적인 바이러스를 복원해 낸 것은 아니었다. 스페인 독감 바이러스는 최근 몇 년간 큰 문제였던 조류 인플루엔자 바이러스와 비슷하다. 과학자들은 최근의 조류 인플루엔자 바이러스 발생 과정을 이해하고 그 백신을 만드는 데 스페인 독감 바이러스가 중요한 실마리가 될 것으로 판단하고 이것을 복원한 것이다. 또한 이 바이러스를 복원해 그것이 어떻게 1918년에 그렇게 많은 사망자를 내었는지 원인을 알아낸다면 앞으로 언제고 있을 수 있는 인플루엔자 바이러스의 공격에 대비할 수 있을 터였다.

그러나 바이러스 복원은 인류의 전멸이라는 대재앙을 불러일으킬 수도 있다. 따라서 누가, 어떤 이유로, 어느 정도로 보안과 차폐가 가능한 시설에서 하는지가 중요한 문제다. 또한 아무리 이중, 삼중으로 안전 장치를 마련한다고 해도 통제 불능의 예외 상황이 발생할 가능성은 여전히 존재하기 때문에 바이러스 복원을 둘러싼 찬반 논쟁은 계속 진행 중이다.

복원에 성공한 최초의 멸종 동물은 스페인 북부에 살던 산양의 일종인 피레네아이벡스(*Capra pyrenaica pyrenaica*)였다. 2000년 피레네아이벡스는 공식적으로 멸종되었다고 공표되었으나, 죽기 전 마지막 개체에서 채취된 피부 세포 샘플은 동결 보관되어 있었다. 과학자들은 이 피부 세포에서 피레네아이벡스의 유전체 DNA 정보를 얻을 수 있었다. 그리고 피레네아이벡스의 체세포 핵을 일반 염소 난자의 핵과 치환해 2003년 복제 아이벡스를 복원하는 데 성공했다.[4] 안타깝게도 복제 아이벡스는 태어난 후 수 분 내에 사망했지만, 이 실험을 통해 냉동 보관된 조직만 있다면 다른 멸종 동물도 복원시킬 수 있다는 기대와 가능성을 높였다.

이후 2008년 일본 이화학 연구소의 와카야마 데루히코(若山照彦) 박사 연구진은 세계 최초로 16년간 동결 보존되어 있던 쥐의 세포로부터 복제 쥐를 만드는 데 성공했다.[5] 이 연구의 성공으로 세포가 사멸한 경우에도 동결을 통해 보존해 둔 세포 내 핵을 이용하면 생명체를 다시 만들어 낼 수 있다는 사실이 증명되었다.

2015년 처치 교수는 약 1만 년 전 멸종한 매머드를 부활시키는 프로젝트를 발표했다.[6] 이 프로젝트는 빙하 속에서 발견된 매머드 사체에서 유전체 정보를 얻는 데서 시작한다. 이것을 아시아코끼리의 유전체 정보와 비교해 그중 매머드에만 있는 특이 유전자의 일부를 아시아코끼리 세포의 핵에 집어넣고, 유전자 가위와 같은 합성 생물학 기술을 사용해 코끼리 유전체를 편집한다. 그리고 이렇게 만들어진 매머드 유전체를 갖는 세포의 핵을 추출해 코끼리 난자의 핵과 치환해 매머드와 비슷한 동물을 만들어 낸다.

만약 이 프로젝트가 성공한다면 합성 생물학 기법을 이용한 유전체 편집이 고등 생명체에서도 가능하며 우리가 원하는 고등 생명체 합성 또한 기술적으로 가능하다는 것이 입증되는 셈이다. 이 연구는 미국의 비영리 단체인 롱 나우 재단(Long Now Foundation)이 테드(TED)와 내셔널 지오그래픽 협회(National Geographic Society)의 후원을 받아 진행하는 '부활과 복원 프로젝트(Revive & Restore Project)' 가운데 하

그림 6.1 매머드 부활 프로젝트를 발표한 조지 처치.

나로 선정되어 지원을 받고 있다.

처치는 매머드 또는 이에 가까운 코끼리를 만들어 툰드라에 살게 하면 생태계를 복원하는 데 큰 도움이 될 것이라고 말했다. 또한 롱 나우 재단 공동 설립자 스튜어트 브랜드(Stewart Brand)는 2013년 테드 강연에서 인류는 지난 1만 년 동안 자연에 커다란 피해를 주었고 이제 이러한 피해를 복구할 수 있는 기술을 갖게 되었으므로 이에 대한 도덕적 의무를 져야 한다고 주장했다.[7]

이러한 멸종 동물 복원 프로젝트의 목적을 얼핏 들으면 매우

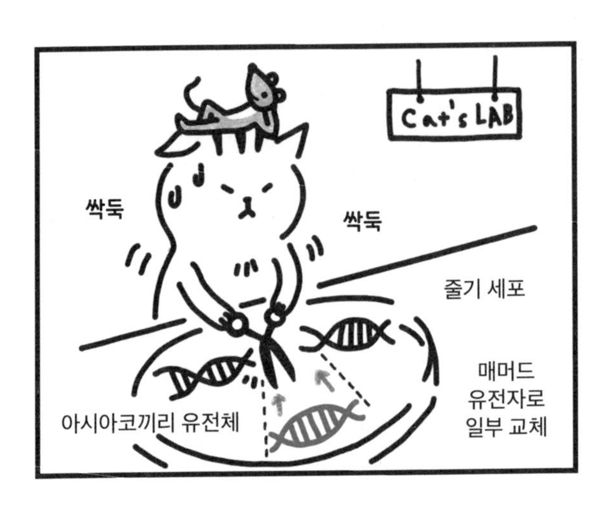
Cat's LAB
싹둑
싹둑
줄기 세포
매머드
유전자로
일부 교체
아시아코끼리 유전체

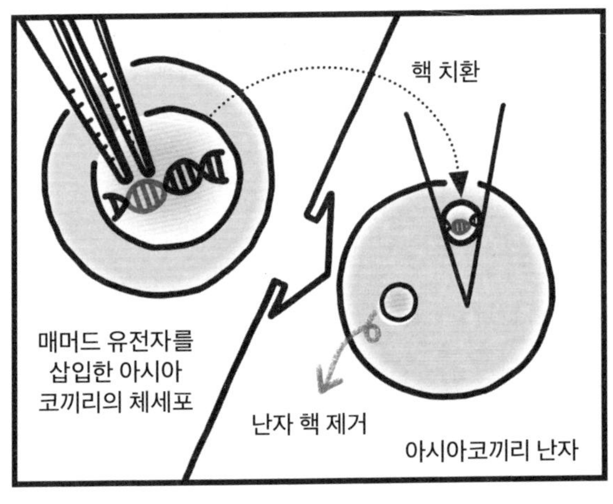
핵 치환
매머드 유전자를
삽입한 아시아
코끼리의 체세포
난자 핵 제거
아시아코끼리 난자

대리모
코끼리

축
매머드와 유전적으로
비슷한 코끼리 탄생
냐호~

생태주의적이고 도덕적인 접근 같아 보인다. 그러나 지금 이 순간에도 상아를 탐내는 인간의 밀렵을 제재하는 데 필요한 재정적 지원이 없어 현존하는 아프리카코끼리조차 지키지 못하는 것이 현실이다. 이런 상황에서 멸종 동물 복원 프로젝트에 많은 재원을 투자하는 것이 정말 지금 인류가 해야 할 도덕적 선택인가에 대해서는 회의적인 시선이 존재한다. 인간의 활동으로 매년 3만 종의 생물이 사라지고 있다고 한다.[8, 9] 지구 역사에 있었던 그 어떤 멸종보다도 빠른 속도로 생태계가 파괴되고 있는 오늘날, 첨단 과학 기술을 이용해 몇몇 동물을 복원하려는 시도가 우리에게 정말 필요한 것인가 하는 의문이 꼬리를 문다.

첨단 생명 공학 기술을 이용해 멸종된 종을 부활시키겠다는 시도는 과학 기술이 인류가 직면한 문제를 모두 해결할 수 있을 것이라는 잘못된 믿음을 대중에게 심어 줄 수도 있다. 더 나아가 우리가 지구에 저지른 수많은 잘못에 대한 일종의 면죄부로 이용되는 것은 아닐까.

3부

합성 생물학의 두 얼굴

7장 합성 생물학의 대중화

넌 PC 조립하니? 난 생명체 만든다!

컴퓨터 공학이나 정보 기술(information technology, IT)의 급격한 발전 뒤에는 실리콘 밸리 부근에서 차고를 빌려 사업을 시작했던 개인이나 작은 벤처 기업이 있었다고 알려져 있다. 관심 있는 사람이라면 누구라도 표준화된 컴퓨터나 IT 기기의 부품을 쉽게 구입, 조립해 원하는 성능과 형태의 기계를 만들 수 있기 때문에 가능한 일이었다. 그 과정에서 기발한 혁신이 일어나기도 했다.

컴퓨터 부품이 모두 표준화되어 있기 때문에 우리는 전자 상가에 가서 원하는 부품들을 구입해 원하는 방식으로 개인 취향과 목적에 맞는 컴퓨터를 조립할 수 있다. 그러므로 부품의 표준화는 어떤 기술이건 기술의 대중화에 반드시 필요한 선(先)조건이다.

계속 강조했듯이, 합성 생물학에 공학적으로 접근했던 연구자들은 '생명체를 DNA라는 소프트웨어가 담긴 유전자 회로로 구성된 하나의 기계'로 인식했다. 이 인식에 따르면 합성 생물학의 유전체 변형 과정은 DNA, 부품, 설비, 시스템의 순차적 4단계로 구분된다. 공학도들에게 있어 어떤 것을 이해한다는 것은, 1장에서 소개한 파인만의 말처럼 그것을 분해했다 재조립할 수 있어야 한다는 것이다. 따라서 합성 생물학이 다른 기술처럼 대중화되기 위해서는 명확하게 정의되고 표준화된 '생명의 부품'이 필요하다.[1]

합성 생물학자들은 이를 건축물의 벽돌에 비유해 **바이오브릭**(biobrick)이라 명명했다. 2006년에는 바이오브릭을 모으고 표준화하며 공유할 수 있는 바이오브릭 재단(The BioBricks Foundation)이 설립되었고 홈페이지(https://biobricks.org/)가 공개되었다. 홈페이지는 재단의 미션을 다음과 같이 밝히고 있다. "생명 공학의 지식은 모든 사람과 지구를 위해 사용되어야 하며, 그 지식은 도덕적이고 공개된 혁신을 위해 모든 사람에게 공유되어야 한다. 이것이 새로운 바이오브릭 재단이 천명하는 새로운 패러다임이다." 실제로 원하는 사람이라면 누구나 이 사이트에 가입해 정보를 받아 볼 수 있으며, 자신의 지식을 공유할 수도 있다.

2009년부터는 바이오팹(BIOFAB, International Open Facility Advancing Biotechnology) 프로젝트가 시작되었다. 바이오팹 프로젝트의 홈페이지(http://biofab.synberc.org/)는 생명체를 설계하는 데 필요한 다양한 기본 부품을 제작, 등록, 공유할 수 있는 서비스를 제공하는데, 이미 수천 개의 바이오브릭이 등록되어 있다. 관심 있는 사람이라면 누

그림 7.1 '바이오브릭'은 표준화된 생명체 부품이 될 수 있을까?

구나 홈페이지에서 공유된 바이오브릭을 무료로 사용할 수 있다. 바이오브릭을 조합해 컴퓨터에서 기능을 시뮬레이션한 뒤 이 DNA들을 실제로 합성해 세포 내에 집어넣어 작동 여부를 확인할 수도 있다.

합성 생물학 연구자들은 IT 산업의 혁신이 빌린 차고에서 시작된 많은 작은 벤처에서 왔음을 상기하고, 생물학에도 '스스로 조립하기(Do it yourself, DIY)'를 도입해 대중화를 시도하고 있다. DIY는 만들고자 하는 물건을 재료 상태나 반조립 상태로 구입해 스스로 조립하는 것을 말한다. 즉 'DIY 바이오(DIY Bio)'는 원하는 목적에 따라 생명체를 스스로 디자인하고 조립해 보는 것이다. 또한 이렇게 생명 과학을 스스로 연구하는 것에 관심있는 사람들이 비영리 단체 DIY 바이오를 조직하고 서로 정보를 교환하며 연구를 지원하고 있다. 이 단체는 2008년 설립되었으며 생명 공학 기술의 대중화와 DIY 연구자들에 대한 지원을 목적으로 한다.[2]

작건 크건 생물학 실험과 연구에는 실험 장비와 실험 장소가 필요하다. 집에서, 동네에서 DIY 바이오를 수행하고자 하는 일반인들은 실험 장비와 장소를 어떻게 구할 수 있을까? 이것을 가능하게 하는 것이 바로 현재 빠른 속도로 전 세계로 퍼져 나가고 있는 커뮤니티 랩(community lab)이다. 커뮤니티 랩은 2009년 뉴욕의 브루클린에 처음 문을 연 '진스페이스 랩(Genespace lab)'을 필두로 미국 등 북아메리카 지역과 유럽 전역에 생기기 시작, 현재 세계적으로 100여 개가 운영되고 있다. 아시아에도 일본의 도쿄, 싱가포르, 태국의 방콕, 인도의 뭄바이 등에 커뮤니티 랩이 문을 열었다. 우리나라에는 규제로 원

그림 7.2 iGEM 로고. ⓒ iGem Foundation.(왼쪽) iGEM에 참가한 연구자들의 모습. ⓒ iGem Foundation, Justin knight.(오른쪽)

래 의미의 커뮤니티 랩은 아직 없다. 지금까지 생명 과학 연구는 주로 대학이나 연구소의 실험실에서 이루어졌지만, 이제 관심 있는 사람은 누구나 연구와 실험을 직접 수행할 수 있는 시스템이 전 세계적으로 만들어지고 있는 것이다.[3] 세계 곳곳에서 운영되고 있는 커뮤니티 랩에 대한 정보는 DIY 바이오의 웹사이트(https://diybio.org/)에서 얻을 수 있다. 커뮤니티 랩은 생명 과학의 탐구와 적용에 관심이 있는 사람이라면 누구나 와서 생명 공학 실험을 배우고 수행하는 장소다. 주민 센터가 운영하는 운동 시설이나 마을 경로당처럼 실험실을 만들어 놓은 셈이다. 커뮤니티 랩에서 합성 생물학은 중요한 연구 주제일 수밖에 없다. 따라서 합성 생물학자들이 커뮤니티 랩을 통해 생명 공학 기술의 대중화와 합성 생물학 혁신의 맹아를 기대하는 것은 자연스럽다.

합성 생물학의 대중화 추세는 국제 합성 생물학 경진 대회 정도로 번역될 수 있는 아이젬(iGEM, International Genetically Engineered Machine, www.igem.org)을 통해서도 가속되고 있다. 아이젬은 2003년 미국 매사추세츠 공과 대학(MIT)에서 치러진 작은 행사로 시작되었으나 지금은 매해 수천 명 이상이 참여하는 국제적 행사로 성장했다. 전 세계 개인 또는 그룹의 합성 생물학 연구자들이 참가해 자신들의 연구 성과와 새로운 '발명품'을 경연하는 장으로 조직된 아이젬은 현재 비영리 재단으로 발전했다. 아이젬 참가자들은 팀을 만들어 자신이 속한 지역 사회나 전 세계가 직면한 크고 작은 문제들을 합성 생물학적 방법으로 해결하는 것을 목표로 한다. 이러한 경진 대회를 통해 전 세계적으로 새로운 바이오브릭을 더 많이 찾아내고 공유할 수 있게 되었다. 참가자들은 주로 대학생들인데 2015년 아이젬에는 전 세계에서 2,700여 명이, 2016년에는 그 두 배가 넘는 5,600명이 참여했을 정도로 인기가 대단하다. 코로나 팬데믹을 거친 후인 2023년에도 4,000명 이상이 참가했다. 아이젬은 합성 생물학에 대한 관심과 참여를 과학자뿐만 아니라 일반인에게 확산하는 데 중요한 역할을 하고 있다.

이러한 합성 생물학 대중화 추세 때문에 학계의 자가 연구자의 수가 이미 세계적으로 수천 명 규모에 이른다고 한다. 합성 생물학의 대중화는 연구 방향의 다양성을 높임으로써 생명 공학 기술의 혁신을 이룬다는 측면에서는 긍정적일 수 있다. 전문화되어 버린 과학을 시민에게, 사회에 돌려보낸다는 측면에서도 긍정적일 수 있다. 그러나 아무런 규제와 안전 장치 없이 이루어지는 자가 연구가 제어하기 어려운 수준의 결과로 증폭될 위험성은 여전히 해소되지 않고 있다.

8장

합성 생물학의 위험성

'좀비 바이러스'가 유출된다면?

바이러스는 쉽게 다수의 인간을 극한 상황으로 몰고 가기에 SF와 재난 영화의 가장 현실적인 소재가 되어 왔다. 에볼라 바이러스를 소재로 한 「아웃브레이크(Outbreak)」(1995년), 매우 사실적인 바이러스 영화 「컨테이젼(Contagion)」(2011년)이 있다. 2016년에는 폐쇄된 기차 안에서 사람들이 좀비 바이러스로 인해 좀비로 변하는 이야기를 그린 한국 영화 「부산행」이 엄청난 인기를 끌었다.

바이러스가 특히 인간에게 치명적으로 작용하는 경우는 변이를 통해 원래 숙주가 아닌 새로운 숙주를 감염시킬 수 있도록 변형되었을 때다. 원래 숙주는 바이러스와 함께 생존해 왔기 때문에 면역이 발달해 큰 문제를 겪지 않지만 새로운 숙주는 변형된 바이러스에 무방비 상태이다. 1918년 5000만 명의 생명을 앗아 간 것으로 추정되는 스페인 독감도 사람을 감염시킬 수 있게 변형된 조류 인플루엔자 바이러스에서 유래된 것으로 밝혀졌다. 또한 **후천성 면역 결핍증**(AIDS)을 일으키는 **인간 면역 결핍 바이러스**(Human Immunodeficiency Virus, HIV)도 영장류 바이러스가 변형된 것으로 알려져 있다.

이런 이유로 2012년 6월 《네이처》에 발표된 짧은 논문은 전 세계를 긴장시켰다. 합성 생물학 기술을 적용하면 조류를 숙주로 하는 독감 바이러스를 포유류를 감염시킬 수 있는 바이러스로 쉽게 변형할 수 있음을 보였기 때문이다.[1]

합성 생물학적 방법으로 바이러스를 기존 숙주가 아닌 다른 숙주를 감염시킬 수 있는 형태로 쉽게 변형할 수 있다는 이 연구는 합성 생물학이 갖는 위험성을 다시 환기했다. 6장에서 언급했던 것처럼 이미 2005년에 합성 생물학 기술로 스페인 독감 바이러스를 실험실에서 합성해 복원한 바도 있다.

포스트 게놈 시대인 지금 바이러스와 세균을 포함한 모든 생물의 유전체 정보가 웹사이트에 전 세계적으로 공개되어 공유되고 있다. 합성 생물학적 방법을 적용하면 공개된 바이러스의 유전체 정보를 기초로 기존 바이러스를 변형해 치명적인 바이러스로 쉽게 변형시킬 수 있는 상황이다. 또 기존 면역 시스템을 회피할 수 있는 세균도 생산할 수 있다. 이런 바이러스나 세균 등은 바이오 테러를 위한 생물무기로 사용될 수 있다. 합성 생물학 기술만 있으면 평범한 동네 가정집 실험실을 효율적인 생물 무기 생산 공장으로 변신시킬 수 있는 것이다.

문제를 더 복잡하게 하는 것은 합성 생물학 기술의 개방과 대중화 추세다. 생명 과학의 발전과 그 기술의 보급 속도가 매우 빨라지고 가격이 급속도로 하락하면서, DNA 합성이나 염기 서열 해독 등 20세기 말만 해도 최첨단으로 여겨졌던 기술들이 지금은 누구나 인터넷으로 주문하고 값싸게 서비스받을 수 있는 일반적인 기술이 되었다.

또 합성 생물학의 다양한 부품과 합성 방법이 인터넷을 통해 쉽게 공유되고 있다. 병원균의 DNA 정보와 그 정보를 이용해 병원균을 합성하거나 변경하는 방법들이 널리 보급되는 전문 학술지를 통해 지속적으로 발표되고 있으며, 많은 기초 지식과 기술이 여과 없이 공개되고 있다. 게다가 기술적으로도 합성 생물학은 상대적으로 진입 장벽이 아주 낮다.

이 점은 핵무기를 낳은 핵 기술과 비교하면 더욱 분명해진다. 핵 기술은 태생적으로 철저한 보안 속에서 개발되었고 지금도 철저히 관리되고 있는 반면, 핵 기술 이상의 잠재적 위험성을 갖는 생명 과학 관련 기술은 대중에게 개방되고 공유되고 있으며 이런 추세는 합성 생물학의 대중화로 점점 더 심해지고 있다.

합성 생물학 연구의 대중화가 갖는 문제는 바이러스나 세균의 변형 같은 잠재적 위험성을 가진 연구를 누가 어디서 어떻게 진행하고 있는가를 알거나 통제하기 어렵다는 것이다. 기존의 제도권 연구소나 대학 밖에 있는 DIY 연구자들이 생명 공학의 혁신을 가져오겠다고 하는 연구가 전 인류적 위험을 초래할 수도 있다.

2018년 캐나다 앨버타 대학교 학생들로 이루어진 연구진은 메

독감
콜록 콜록

감기를 낫게 해 줄게. 연구를 위해
바이러스를 좀 추출해도 될까?
그렇게 해.
콜록 콜록

Cat's LAB
?
위잉~
조류 독감 바이러스

일로 주문할 수 있는 DNA 조각들만 연결해 지구에서 사라진 천연두 바이러스를 6개월 만에 만들어 냈다.[2] 심지어 이 결과는 과학 학술지인 《플로스 원(*Plos One*)》에 게재되기까지 했다.[3] 전문가가 아니더라도 합성 생물학을 통해 위험한 바이러스를 손쉽게 만들어 낼 수 있는 것이다. 세계적으로 이미 수천 명이 넘는 DIY 생물 연구자들의 존재는 합성 생물학 연구 추세와 맞물려 커다란 위협이 될 수 있다.[4] 합성 생물학 연구 대중화에 동반된 위험을 어떻게 관리할 것인가는 사회 위기 관리 및 국가 안보와도 맞물린 중요한 문제이다.

이 DIY 생물 연구자 그룹을 일컬어 '바이오해커(biohacker, 또는 biopunk)'라고 부르기도 한다. 바이오해커는 순수한 열정으로 가득한 비제도권의 생물학자들을 이르는 말이다. 원래 해커는 직위나 명예에는 관심 없이 자신이 흥미를 가진 분야에서 열정을 가지고 탐구하는

사람들을 이르는 말이고, 모든 정보를 공유해서 더 빨리 배우고 가르칠 수 있어야 한다는 이상을 공유한다고 한다. 바이오해커는 그런 해커 정신을 생물학 시스템에도 적용하려는 사람들을 일컫는다. 그러나 마치 컴퓨터에 악성 바이러스를 만들어 살포하거나 저장된 정보를 빼내는 '블랙 해커'가 있듯이 바이오해커 중 '블랙 바이오해커'가 나오지 않을 것이라고 단언하기는 어렵다. 또한 바이오해커는 생명체를 대상으로 하기에 더 큰 위험의 가능성이 있다고 할 수 있다.

이렇게 인류에게 해가 될 수도 있고 득이 될 수도 있는 양날의 칼 같은 기술을 '이중 활용(dual use)' 기술이라고 한다. 1993년 미국 기술 평가국(U. S. Office of Technology Assessment, OTA)이 낸 보고서에서는 민간 부문에서 적용될 목적으로 개발되었지만 군사적 목적으로도 이용될 수 있는 기술들을 가리켜 처음으로 이중 활용 기술이라고 불렀다. 합성 생물학은 대표적인 이중 활용 기술이라고 할 수 있을 것이다.

합성 생물학이 갖는 잠재적 위험성 때문에 NIH 내의 생물 안보에 관한 국가 과학 자문 위원회(National Science Advisory Board for Biosecurity, NSABB)는 합성 생물학 연구에 대해 다음과 같은 권고 사항을 제시했다.[5]

> 첫째, 합성 생물학 기술은 생물 안보 위험을 초래할 수 있기 때문에 제도적인 감시와 통제가 필요하다.
>
> 둘째, 군사용 및 민간용으로 동시에 사용될 수 있는 이중 활용 기술의 경우 생명 과학이라는 분과나 학자들로만 이뤄진 학계를 넘어서는

통제가 필요하다.

셋째, 이중 활용 기술의 연구 주제들을 다루거나 합성 생물학을 연구하는 집단과 소통할 수 있는 교육 및 협력 프로그램의 개발이 필요하다.

넷째, 미국 정부는 새로운 과학적 발견이나 기술을 감찰하기 위한 정책적인 노력의 대상에 합성 생물학 분야를 포함시켜야 한다.

이 권고 사항이 제시되었지만 미국에서도 바이오해커에 대한 효과적인 규제는 쉽지 않은 상황이라고 한다. 관련 규제가 법제화되어 시행되는 속도가 생명 과학의 빠른 발전 속도와 대중화 속도를 따라가지 못하고 있는 것이다. WHO에서 전염성 바이러스 질환에 대비하는 부서의 고문으로 활동하고 있는 로런스 고스틴(Lawrence O. Gostin)은 《뉴욕 타임스》와의 인터뷰에서 다음과 같이 말했다. "이 지구상에서 3000만 명 이상을 살해할 수 있는 수단은 단 두 가지, 핵무기와 생물 무기입니다. 전자에는 미국 정부가 두려움을 가지고 조치를 취하고 있습니다. 그러나 후자에 대해서는 거의 무방비 상태이고 이 점이 도저히 이해가 되지 않습니다."[6]

합성 생물학은 바이오 테러를 위한 생물 무기 생산에 쉽게 적용될 수 있기에 북한과 대치하며 다양한 안보 환경 변화를 고려할 수밖에 없는 우리도 합성 생물학에 대한 사회적 관심의 고삐를 늦출 수는 없다. 진입 장벽이 상대적으로 낮은 합성 생물학 기술의 특성상 내부에서 어떤 연구가 진행되고 있는지 세계 학계에 전혀 노출되지 않는 북한의 합성 생물학 발전 정도도 무심히 지나칠 수 없는 부분이기도 하다. 우리 정부는 합성 생물학의 잠재적 위험성에 대해 어떤 입장과 정책을 가지고 있는지 묻지 않을 수 없다.

9장 합성 생물학과 생명 윤리

신이 아니라 내가 생명의 창조자!

합성 생물학의 다양한 측면을 설명한 앞의 글들을 읽으며 마음이 불편했던 독자들이 여럿 있을 것이다.

첫 번째 이유는 아마도 '합성 생물학'이라는 단어에서 유래한 것일 수 있다. 인간이 화학적 반응을 통해 인공 물질을 만들어 낸다는 단어인 '합성'과 자연에 존재하는 살아 있는 유기체를 총칭하는 '생물'이라는 가장 상반되는 두 단어가 붙어 있다는 사실 자체가 기존 우리가 가지고 있는 생명체에 대한 개념을 흔들고 있기 때문이다.

두 번째 이유는 합성 생물학의 산물에서 찾아볼 수 있다. 합성 생물학으로 인류에게 도움이 되는 바이오 섬유 소로나나 말라리아 치료제 아르테미시닌, 또 급속도로 퍼지는 바이러스의 백신을 신속하게 만들어 내는 등의 성과에 대해서는 대다수가 그 유용성에 고개를 끄

덕일 것이다. 그러나 인간의 유전체를 합성한다든지 이미 멸종된 스페인 독감 바이러스를 만들어 낸다든지 기존의 무해한 바이러스를 인간에게 치명적인 형태로 바꿀 수 있다는 사실에는 누구나 두려움을 느낄 것이다. 합성 생물학으로 몇몇 멸종 동물을 복원하는 것에 대해서는 개인의 가치관에 따라 입장차가 있을 것이다.

세 번째 이유는 합성 생물학이 현재 보여 주는 사회적 양상과 관련이 있다. 합성 생물학의 진입 장벽이 상대적으로 낮다는 사실, 합성 생물학 연구의 대중화 추세와 바이오해커의 출현에 대해서는 과학자뿐 아니라 일반 시민 사이에서도 의견이 갈린다. 일부는 과학 연구가 개방된다는 측면에서 지지하고, 다른 이들은 그 연구 내용과 절차를 관리할 수 없어 잠재적 위험을 방치하는 셈이라고 반대한다.

짧게 정리해 본 것처럼 합성 생물학은 우리 사회의 가치관, 연구 대상, 연구 절차 등 다양한 층위의 윤리적 문제와 긴밀히 연관되어 있다. 앞에서도 언급했던 것처럼 합성 생물학은 자연 세계에 존재하지 않는 생물 구성 요소와 시스템을 설계하고 제작하거나 자연 세계에 이미 존재하는 생물 시스템을 재설계해 새로이 제작하고자 하는 것으로 정의된다. 이미 정의만으로 '생명이란 무엇인가?'라는 윤리적 질문을 내포하고 있다.

생명체라는 것이 인간이 마음대로 바꾸거나 만들 수 있는 존재인가, 자연 세계에 존재하는 생물 시스템을 인간의 의도대로 설계하고 제작하는 것이 옳은가, 인간에게 그럴 권리가 있는가, 인간에 의한 생명체 변형과 합성이 지구 생태계에 어떤 영향을 끼칠 것인가 같은 질문이 금방 머릿속에 떠오른다. 생명체를 대하는 가치관이 명확히 정립되어 있지 않는 상태로는 대답하기 매우 어려운 질문들이다.

합성 생물학이 경제적 이익 창출 및 이를 위한 연구의 세계적 경쟁과 얽혀 있다는 것을 이해하게 되면 대답은 더 어려워진다. 합성 생명체에 대한 첫 번째 논문이라고도 볼 수 있는, 벤터 박사 연구진이 2010년 《사이언스》에 발표한 논문의 제목은 「화학적 합성 유전체에 의해 조절되는 세균 세포의 창조」였다.[1]

그들은 과감히 "창조"라는 단어를 논문 제목에 사용했다. 나는 이 소식을 접하자마자 그 논문을 찾아 읽었다. 하지만 내가 보기에 벤터 연구진이 한 일은 기존의 생명체가 가지고 있던 유전 정보를 다른 유전 정보로 바꿔치기만 한 것이었다. 정말 생명을 '창조'한 것이라고 받아들일 수 없었다.

그렇다면 왜 벤터를 비롯한 자칭 합성 생물학자들은 '창조'라는 도발적인 단어를 고의적으로 가져다 쓴 것일까? 나는 여기에 합성 생물학자의 궁극적 욕망 또는 목적이 내재되어 있다고 본다. 그들은 단순히 생명체의 형성과 작동 원리를 아는 것으로 만족하지 못한다. 이 생명체를 조립해 내 자연의 생명체와 비교해서 한치의 오차도 없이 똑같이 작동하는 것을 보는 데까지 이르지 못한다면 목적을 이뤘다 하지 않을 것이다.

실제로 벤터는 그의 책에서 "이런 정보는 생명체의 창조를 위한 유전체 설계와 이들을 시험해 볼 수 있는 컴퓨터 내 가상의 세포 모형을 정교하게 해서 궁극적으로는 새로운 생명체의 합성을 빠르고 간단하게 만들 것이다."라고 말했다.[2] 또한 "이러한 연구를 통해 생명체는 정보로 환원될 수 있고 디지털 형태의 생명 정보는 빛의 속도로 그 어느 행성으로도 전해질 수 있다."라고도 썼다.[3]

합성 생물학의 이러한 목적은 우리의 철학적, 윤리적 감수성을 자극한다. 생명체의 기준은 무엇인가 하는 문제를 제기하는 것이다. 현대 생물학에서 생명체를 정의하는 기준인 물질-에너지 대사와 생식 등의 현상이 디자인되어 만들어진 합성 생명체에서 나타난다면 우리는 이들을 모두 생명체로 받아들여야 하는가? 하지만 이 문제는 아직 명확하게 해결되지 않았다.

근본적인 문제가 전혀 해결되지 못한 현 상황에서, '생명체를 DNA라는 소프트웨어가 담긴 유전자 회로로 구성된 하나의 기계'로 인식하는 합성 생물학은 실용적 측면에서는 인류가 직면한 식량, 환

우리 마음대로
연어의 크기를
이렇게 바꿀 권리가
있을까?
갑자기
큰 연어가 생기면
다른 물고기들은
괜찮겠니?
GMO

GMO
확!
우와 크다!
너희 먹으라고
만들었어!

경, 의료 등 여러 난제를 해결할 수 있는 가장 현실적인 기술로 일각에서 받아들여지고 있다.

그리고 같은 이유로 합성 생물학은 현재 미국 등 여러 선진국과 우리나라에서 생명 공학 분야가 나아갈 방향으로 인식되고 있다. 오늘날 기업들의 자본이 폭포수처럼 밀려들어오면서 '생물'을 산업의 영역으로 추동하는 추세는 급물살을 타고 있다. 하지만 아무리 세계화된 자본주의 체제라고 해서 돈이 된다고 모두 선(善)이 되는 것은 아니다.

대부분의 과학과 기술은 우리에게 유용할 수도 있고 위험할 수도 있는 양날의 칼이다. 특히 합성 생물학은 그 연구 대상과 목적이 무엇인가에 따라 매우 유용할 수도 있지만 치명적인 위협을 초래할 수도 있고 안보 위협이 될 수도 있다.

또 최근 과학자들이 모여 실행 의지를 표명한 '유전체 쓰기' 연구와 멸종 동물 복원 프로젝트에서 볼 수 있는 것처럼 미생물이나 단순한 생명체에 주로 적용되던 합성 생물학 기술은 점차로 더 복잡한 고등 동물로 확대되고 있다. 따라서 유익함과 위험성 사이에서 그 대상과 연구 절차에 대해 성찰하고 윤리적 기준과 규제 방법을 국가적이고 국제적인 차원에서 속히 마련해야 할 필요성 역시 높아지고 있다. 합성 생물학자들의 성가(聲價)가 높아지는 만큼 세계 학계의 우려의 목소리 역시 커지고 있다.

문제는 한국 사회다. 내가 두려운 것은 우리 사회가 근대 과학기술을 수용하는 과정에서 그랬듯이 합성 생물학을 새로운 경제적 이익을 창출할 수 있는 첨단 테크놀로지 정도로 인식하고, 거기에 포함된 생명에 대한 가치관 문제나 안정성, 보안 문제, 규제 등에 대한 성찰이나 열린 논의에는 조금의 관심도 보이지 않게 되는 것이다.

10장 유전체 계획: 쓰기, 한 걸음 더 가까이

진핵 세포 모형 유전체 디자인과 합성 성공

2016년 HGP-write의 발표를 프롤로그에서 언급하면서 시작한 합성 생물학에 관한 설명은 실제로 그 후 2년간 성공적으로 진행되어 완결된 효모 유전체 재조합과 쓰기 성과를 정리하며 마무리해야 할 것 같다. 이제 HGP-write에 필요한 기술적인 방법들이 성공적으로 정립되어 정말 이 계획의 실행이 가능해질 수 있는 시점에 왔기 때문이다.

효모는 인간과 동일한 **진핵 세포** 생물로 생화학 물질 수준에서는 인간과 같은 방법과 메커니즘으로 생명을 유지한다. 심지어 효모의 유전자를 인간의 유사 유전자와 바꿔치기해도 기능이 그대로 유지된다. 따라서 고등 동물의 실험에 앞서 실험이 수행되는 유용한 모형 생명체이다. HGP-read도 효모 유전체에서 먼저 진행되었고 여기서

터득한 유용한 기술적 방법이 인간 유전체 해독 과정을 가능하게 했다. 효모의 유전체 전체는 1200만 **염기쌍**(인간의 유전체는 30억 염기쌍)이고 이 정보를 16개의 염색체에 가지고 있다.

원래 효모 유전학자이고 HGP-write에도 참여하고 있는 뉴욕대학교의 제프 보에케(Jef D. Boeke) 교수는 2014년 이미 효모 유전체 중 염색체 3번을 재설계해 합성하는 데 성공했다고 발표했다.[1] 여기서 재설계란 기존의 염색체 3번의 DNA 염기 서열에서 명확한 기능이 확인되지 않은 **트랜스포존**(transposon), **인트론**(intron) 등을 없애고 이 염색체에 존재하는 모든 유전자들을 하나씩 손쉽게 제거할 수 있도록 하는 데에 유용한 염기 서열을 각 유전자에 삽입한 것이다. 이렇게 합성된 염색체로 기존 염색체를 바꿔치기해도 생명 현상을 유지하는 효모의 기능에는 아무 문제가 없다고 보고했다. 이 연구는 합성된 진핵 세포 염색체가 기능을 수행할 수 있음을 처음 보였다는 점에서 큰 관심을 불러일으켰다. 또 염색체에서 아직 명확하게 기능이 입증되지 않은 염기 서열을 제거해도 생명 현상을 수행할 수 있는 것을 보인 것도 획기적이었다.

더 놀라운 것은 벤터 연구 그룹에서 사용했던, 긴 뉴클레오타이드가 연결된 DNA를 합성해 연결하는 비용이 많이 드는 방법을 사용하지 않았다는 것이다. 대신 중합 효소 연쇄 반응과 효모를 비롯한 모든 생명체의 세포 내에서 유사한 DNA 염기 서열이 부분적으로 존재할 때 자연적으로 일어나는 HDR(homologous DNA recombination) 방법을 사용해 비용을 대폭 줄였다. 효모 염색체의 유전 정보에 따라 **올리**

고뉴클레오타이드(oligonucleotide)라고 불리는 아주 작고 값싼 DNA 조각을 합성한 후 중합 효소 연쇄 반응을 통해 더 큰 조각으로 만들고, 이들을 효모에 집어넣어 원래 효모 염색체에 있는 해당 부분을 HDR를 이용해 차례로 교체하는 방법으로 새로운 염색체를 만들어 낸 것이다. 이 실험 과정이 방법적으로 어려운 것이 아니었기에 대부분의 실험이 학부 학생들에 의해 진행되었다. 이 실험으로 진핵 세포에서의 염색체 합성에 쉽게 성공할 수 있었기에 2016년 HGP-write 시도가 가능했다고 볼 수도 있다.

이 연구 결과를 발표하면서 보에케 교수는 효모의 유전체 전체를 합성하기 위해 '합성 효모 유전체 계획(The Synthetic Yeast Genome Project, Sc2.0)' 국제 컨소시엄을 만들었으며 5년 이내에 효모 유전체 전체를 합성할 것이라고 이야기했다.[2, 3] 그리고 정확히 3년이 지난 2017년 3월 《사이언스》 특집호에 효모 유전체 3분의 1 이상을 차지하는 기존 염색체 3번에 추가해 5개의 염색체를 재설계했으며 이 유전체들로 대체된 효모가 정상적으로 생명 현상을 수행한다고 발표했다.[4] 이 유전체들의 재설계와 합성에는 앞서 염색체 3번에 사용되었던 방법과 거의 동일한 방법이 사용되었고 염색체가 만들어진 후 잘못된 부분은 CRISPR 유전자 가위를 이용해 원하던 염기 서열로 수정했다고 밝혔다.[5]

그리고 2018년 여름에는 폭염에 정신 못 차리고 있던 나에게 벼락과도 같은 놀라운 결과의 논문이 《네이처》에 발표되었다. 중국 과학 아카데미의 합성 생물학 연구 그룹과 뉴욕 대학교 보에케 교수 연구진이 효모의 16개 염색체를 연결해 각각 1개 그리고 2개의 염색체로 완전히 재설계해 만들었으며, 이러한 염색체를 갖는 효모가 별 문제없이 생명 현상을 유지한다고 보고한 것이다.[6, 7, 8]

중국 연구진은 하나의 염색체로 유전체를 재설계하는 과정에서 각 염색체의 끝에서 염색체 정보가 유실되는 것을 막는 30개의 염색체 말단인 **텔로미어**(telomere) 부분과 염색체가 복제된 후 분리될 때 반씩 복제된 염색체가 양쪽으로 분리될 수 있도록 하는 15개의 **동원체**(centromere)에 해당되는 부분, 또 19개의 긴 특정 염기 서열이 반복되는 부분을 제거했다고 한다. 보에케 연구진은 CRISPR 유전자 가위로 동원체와 염색체 말단 부분을 제거하고 세포가 원래 가지고 있던 DNA 손상 수복 프로그램을 이용해 하나씩 염색체를 붙여 2개의 염색체를 갖는 효모를 만들었다.

원래 효모는 자가 분열을 통해 번식하므로 반수체의 염색체를 갖고 있는데 외부 상황이 안 좋으면 반수체의 두 개체가 접합해 감수분열 후 포자를 형성한다. 1개 혹은 2개의 염색체로 재설계된 효모는 생장하고 분열하는 생명의 기능을 모두 정상적으로 수행했고 단지 접합 후 포자를 형성하는 기능에만 문제를 보였다고 한다.

염색체가 재설계된 이 효모들은 정상 효모와 발현하는 유전 정보가 동일하다. 주위 환경이 나빠졌을 때 포자를 형성하는 능력을 제외하고 생장하고 분열하는 데 아무 문제도 없다. 그렇다면 우리는 이 효모를 기존 효모와 같은 종(種)으로 봐야 할까, 다른 종으로 간주해야 할까? 생명 현상을 유지하기 위해서는 DNA의 유전 정보

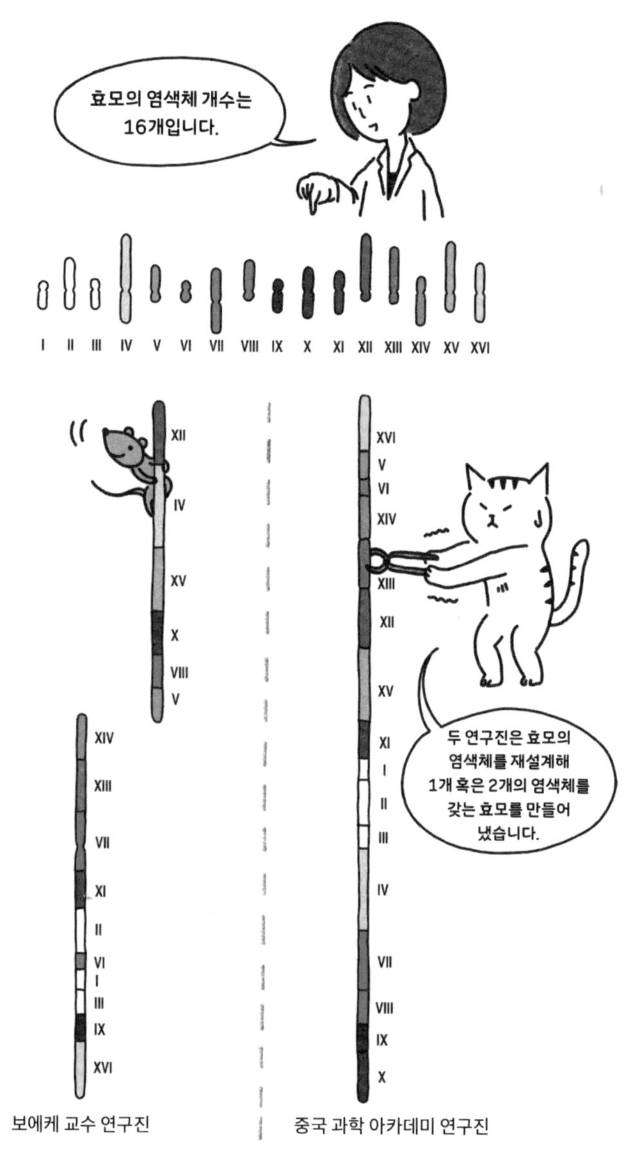

그림 10.1 제프 보에케 교수 연구진과 중국 과학 아카데미 연구진은 효모 염색체를 재설계했다. 16개인 효모의 염색체를 이어 붙여 각각 2개, 1개의 염색체로 재설계한 것이다.

만 있으면 충분하고 각 종마다 특정한 염색체의 개수는 진화 과정에서 우연히 정해진 것일 뿐일까? 염색체 수가 달라지면 전체적인 염색체의 3차 구조나 핵 내 위상이 변하고 현재까지 이러한 구조나 패킹(packing) 및 위상이 유전자 발현을 조절하는 중요한 방법으로 알려져 있었는데, 우리가 생각하는 것처럼 중요한 것은 아니었던 걸까? 염색체 수는 유전자 발현과는 직접적인 상관이 없고, 새로운 종을 만드는 진화 과정에서 종마다 우연히 특정한 개수를 가지게 된 것일까? 이 놀라운 결과를 보면 기존 유전학 지식에 대한 질문이 꼬리에 꼬리를 문다.

또한 보에케 교수를 비롯해 효모의 유전체 전체를 합성을 목표로 하는 합성 효모 유전체 계획(The Synthetic Yeast Genome Project, Sc2.0) 국제 컨소시엄은 2023년 가을 합성한 DNA를 50퍼센트 이상 갖는 16개의 염색체 중 7.5개를 완전히 합성한 DNA로 대체한 효모를 만들었다고 발표했다.[9, 10, 11] 이 과정에서 염색체의 안정성을 높이기 위해 반복적인 DNA 부분을 제거했으며 염색체의 불안정성을 야기하는 운반 RNA(transfer RNA, tRNA)에 대한 유전자를 모아 인위적인 새로운 염색체를 만들었다고 한다. 이렇게 만들어진 효모도 자연 효모처럼 생존하고 분열하는 데 아무 문제가 없었다고 보고했다. 이 결과는 진핵 세포에서 개별 유전자를 수정하는 단계를 넘어 세포의 생장과 분열에 큰 영향을 끼치지 않으면서 전체 염색체를 재설계하는 것이 가능해졌음을 의미한다.

이제 명확한 사실은 우리가 인간을 포함하는 진핵 세포의 유전체를 재설계하는 데 필요한 기술적 방법론을 거의 손에 넣었다는 것에는 의문의 여지가 없다는 것이다. 효모를 넘어 다음 유전체 재설계의 표적은 어떤 생명체가 될까?

11장 합성 생물학으로 재설계된 세포를 이용한 치료법

옛날에는 약을 먹었다고요?

이제 공장 대신 세포를 이용하는 합성 생물학적 방법으로 다양한 물질을 만들어 낼 수 있다는 것은 뉴스도 아니다. 이미 합성 생물학은 대체육, 비료나 옷감부터 약이 되는 화합물, 심지어 포도 없이 포도주, 젖소 없이 우유까지도 만들 수 있는 일반적인 방법이 되었다. 이런 합성 생물학의 추세에서 요즘 가장 뜨거운 영역은 아마도 합성 생물학적 방법으로 세포를 재설계하거나 조작해 직접 치명적인 질병에 대한 치료법으로 개발하는 연구일 것이다.

지난 세기 내내, 그리고 최근까지도 새로운 치료제 개발은 생체 내에서 일어나는 특정 생리 과정의 표적을 항진시키거나 억제할 수 있는 화합물이나 단백질 등의 생체 물질을 찾아 합성하고 변형해 기능을 최적화하는 과정을 통해 이루어졌다. 이렇게 개발된 약들이 효과적인 경우도 많았으나 타겟이 하나로 정해져 있어 증세의 심한 정도에 따른 유연성이 부족하고 치료제가 병리적 상태와 정상 상태에 구분없이 적용되기에 부작용도 많이 발생했다. 합성 생물학의 발전은 기존 치료제의 이런 한계를 극복하고자 몸에 존재하는 세포나 몸에서 공생하고 있는 세균 세포에 새로운 기능을 수행하는 유전자 회로를 삽입해 기능을 재설계한 후 몸에 넣어 치료를 가능하게 하는 '제작된 살아 있는 치료법(engineered living therapies)', ELT로 미래 치료제의 축을 이동시키고 있다.[1]

세포는 각각 특성에 따라 자연적으로 생물학적 활성을 가지며 ELT의 중심 개념은 세포의 자연적 활성을 변형시켜 의도하는 치료에 적용하는 것이다. 이미 다양한 세포에서 확인된 특정 기능이나 환경의 변화에 반응해 상호 작용하는 모듈 단위의 단백질이나 이들의 유전자 회로를 치료 목적으로 특정 세포에 삽입해 세포 본래의 활성 대신 전반적인 반응과 행동을 재프로그램해 원하는 기능을 수행하게 하는 것이다.

인간 세포를 이용하는 경우는 면역 거부 반응을 피하기 위해 환자 자신의 몸에 있는 세포를 주로 사용하며, 조직에 상주하는 세포에 특정 유전자 회로를 직접 집어넣는 방법과 세포를 몸 밖으로 꺼내 특정 상황에 반응하도록 유전자 회로를 재프로그램하고 다시 이식하는 경우로 나누어 볼 수 있다. 현재는 몸에서 꺼내 재프로그램 후 넣어 주기 용이한 면역 세포들을 이용하는 방법이 가장 많이 개발되고 있다. 5장에서 언급한 T 면역 세포를 이용하는 항암 치료제 CAR-T

가 합성 생물학적 방법을 가장 먼저 도입한 세포 치료제다. 최근에는 T 면역 세포 대신 면역 세포의 일종인 대식 세포(macrophage)를 이용하는 CAR-M, 자연 살해 세포(natural killer cell, NK 세포)를 이용하는 CAR-NK 등이 개발되었다.

합성 생물학적 방법으로 다양한 면역 세포들의 유전 정보를 재프로그램해 면역 효능을 증가시키고 암세포에만 특이적으로 작용하게 하는 세포 치료제는 이미 새롭지 않다. 이에 더해 최근에는 암세포와 정상 세포에서 발현되는 차이가 심한 유전자들을 표지로 이용해 이들의 발현 차이 정보로부터 세포가 스스로 정상 상태인지 암세포화 된 상태인지를 감지할 수 있게 회로를 설계하고, 세포가 표지 유전자들의 발현 정도에 반응해 세포 자살을 유도할 수 있는 신호 경로를 활성화시켜 수 있도록 설계한 새로운 항암세포 치료법도 개발되었다. 항암 치료법뿐만 아니라 몸에 이식할 수 있는 세포에 갑상선 호르몬이나 혈액 내 포도당 농도를 인식할 수 있는 유전자 회로를 삽입한 세포도 각각 갑상선 기능 항진증(hyperthyroidism)이나 당뇨병 치료를 위한 새로운 방법으로 개발되었다.

이 세포들에는 인체의 갑상선 호르몬이나 포도당 농도를 그때그때 감지해 이에 따라 갑상선 호르몬이나 혈당을 조절하는 호르몬인 인슐린의 발현을 조절할 수 있는 되먹임(feedback) 회로가 장착되어 있으므로 몸 상태에 반응해 필요한 때에만 호르몬을 생성할 수 있다. 이러한 방법들이 상용화된다면 기존 갑상선 기능 항진증 치료법으로 갑상선 기능을 급속히 저하시켰을 때의 부작용이나 인슐린 투약에 의해 혈당이 오르내리는 부작용이 없는 효율적인 치료법이 될 수 있을 것으로 기대한다. 앞으로 세포를 몸에 이식하는 치료법의 성공은 세포들의 이식 효율과 실제 몸에 이식되었을 때 설계되어 부가된 활성을 얼마나 오래 유지할 수 있는가에 달려 있을 것이다.[2]

우리 몸은 인간 세포와, 그보다 10배 많은 수의 세균 세포들로 이루어져 있다. 그러므로 ELT 치료법은 인체에 좋은 세균들이 공생해 건강을 유지하는 데 도움이 될 수 있도록 유익한 세균들을 공급해 주는 프로바이오틱스 요법을 더 진전시킨 형태라고도 볼 수 있다. 현재 세균을 이용한 치료가 가장 많이 연구된 대상 질환은 바로 암이다. 재설계된 세균을 종양 부위에 주입해 세균과 암세포의 상호 작용, 혹은 그 주변과의 상호 작용을 변화시켜 종양 주위에서 인체의 면역 세포가 더 잘 활동하도록 돕고 암세포의 사멸을 유도하는 방법이다. 예컨대, 인체에서 종양 주변은 산소 농도가 낮고 암세포는 정상 세포에 비해 산소 농도가 낮은 환경에서도 잘 자란다. 이러한 낮은 산소 농도의 종양 환경에서도 잘 서식하는 세균을 면역 반응을 항진시키는 물질을 분비하도록 유전적으로 변형시켜 치료에 이용한다. 또한 식중독을 일으키는 살모넬라(*Salmonella typhimurium*), 리스테리아(*Listeria*), 클로스트리듐(*Clostridium*) 등 독성 물질을 분비하는 세균을 이식해 직접적으로 주변 종양 세포의 사멸을 유도하기도 한다. 이런 세균을 이용하는 암 치료법들은 단독으로도 사용하지만 주로 이미 알려진 방사선 등의 항암 치료법과 병용하는데, 항암 치료 효과를 증진시키는 효능이 입증되고 있다.[3]

100년쯤 지나면 합성 생물학을 기반으로 하는 다양한 세포 치료제가 일반화되어 일반적으로 이야기하는 먹는 약 개념은 거의 사라지고 세포를 이용하는 치료가 대세가 될 것으로 예상된다. 그때가 오면 옛날에 아플 때 '약'이라고 부르는 화합물을 종류별로 한 움큼씩이나 먹던 미개한 시절이 있었다고 웃으면서 이야기하게 될지도 모르겠다.

4부

CRISPR 유전자 가위를 발견하다

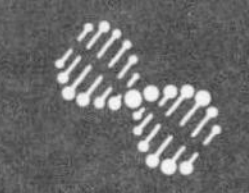

12장 유전자 가위 기술의 의미

혁명이라고 불러도 좋을 유전자 가위 'CRISPR'

요즘 과학, 특히 생명 과학의 추세에 약간이라도 관심이 있는 사람이라면 'CRISPR(크리스퍼)'라고 불리는 유전자 가위 기술을 한 번쯤은 들어본 적이 있을 것이다. 2012년부터 급속도로 발달하기 시작한 CRISPR 유전자 가위 기술은 생명 과학계의 다양한 분야에서 혁신을 가능하게 했고, 그 결과로 파생되는 여러 가지 윤리 문제들은 생명 과학계를 넘어 전 세계 과학계에 큰 파장을 일으키고 있는 화두이다.

《사이언스》는 2013년 그해 가장 영향력 있는 과학적 성과로 CRISPR 기술을 선정했고, 2015년 또다시 CRISPR 기술을 가장 중요한 10대 발견으로 꼽으며 그중에서도 가장 중요한 발견으로 언급했다. 2014년 《MIT 테크놀로지 리뷰(*MIT Technology Review*)》는 CRISPR를 이용한 유전자 교정을 10대 혁신 기술 가운데 하나로 선정하고 이를 활용한 '맞춤 아기' 탄생이 멀지 않았다고 예측했다. 또 2016년 8월 권위와 대중성을 모두 갖춘 《내셔널 지오그래픽(*National Geographic*)》은 "DNA 혁명"이란 제목을 단 표지 기사로 CRISPR 기술에 의한 혁신과 그 명암을 대서특필했다.

많은 과학자들은 당분간 생명 과학 분야에서 CRISPR 기술을 뛰어넘을 만한 비약적 기술은 나오기 어려울 것이라고 평가한다. 또 과학에 관심이 크지 않은 일반인들도 2013년 이후 매해 가을만 되면 이번 해에 CRISPR가 노벨상을 받는 것 아닌가 예측했던 것이다. (곧 이어 설명할 CRISPR 작동 메커니즘을 밝혀 낸 두 과학자에게 2020년 노벨 화학상이 수여된다.) 도대체 CRISPR 기술이 무엇이며 어떤 가능성이 있기에 짧은 기간에 이런 수준에 이른 것일까? 혁명이란 단어까지 사용하면서 그 가능성과 위험성을 논할 정도로 대단한 기술이란 말인가? 앞으로 몇 장에 걸쳐서는 CRISPR에 대한 이야기를 전개해 보고자 한다.

독자들은 이제 생명체가 가지고 있는 유전 정보 전체를 이르는 유전체 혹은 게놈이라는 단어에 익숙할 것이다. 우리 몸을 구성하고 있는 세포 각각에는 DNA 형태로 유전체 정보가 담겨 있다. '인간 유전체 계획' 결과 인간 유전체의 DNA는 약 30억 개의 염기쌍으로 구성되어 있고 2만 5000개 정도의 유전자를 가지고 있다는 것을 알게 되었다.

유전체 내 특정 유전자의 정보에 변이가 생겨 제대로 기능하지 못하는 정보를 제공해 발생하는 질환을 유전병이라 부른다. 유전병은 자손에게 계속 전해질 수 있다. 인간은 약 2만 5000개 유전자를 갖고 있고 이중 단 하나의 유전자만 제대로 작동하지 않아도 유전병이 발생할 수 있는데, 이런 유전병이 적어도 수백 개라고 알려져 있다. 유전병 중에는 유럽 왕실의 남자들에게 주로 나타나 서양 역사에 큰 영향을 미친 혈우병이나 허파를 비롯한 인체의 여러 장기에 심각한 문제를 일으키는 낭포성 섬유증 등 인간에게 치명적인 질환이 많다.

유전병은 인류가 유전체의 정보를 읽어 내고자 하는 직접적 원인이 되었다. 1980년대 이후 유전자를 임의로 조작해 세포 내에서 발현시킬 수 있는 DNA 재조합 기술이 보급되기 시작하면서부터 과학자들은 '**유전자 치료**(gene therapy)'를 꿈꾸게 되었다. 유전자 치료란 인간에게 질병을 유발하는 비정상 유전자에 새로운 기능을 추가하거나 그것을 정상 유전자로 대체해 유전적 결함으로 인한 질병을 고치고자 하는 치료법이다. 유전자 치료는 1990년 전후부터 적용되기 시작했으나 여러 가지 기술적 한계로 상용화는 계속 먼 미래의 이야기로 남아 있었다. 30억 개의 인간 유전체 DNA 염기쌍 중 특정 유전 정보만을 정확하고 효율적으로 수정하거나 정상 유전자를 정확히 세포 내로 전달해 유전체에 삽입하는 것이 어려웠기 때문이다.

2013년부터 유전체 내의 특정 유전자 염기 서열을 손쉽게 인식해 자르는 유전자 가위인 CRISPR와 이를 이용해 유전체 DNA 정보를 인간의 의도에 따라 자르고 붙이고 고치는 유전체 편집(genome editing) 기술이 본격적으로 적용되기 시작하면서 상황은 급변하기 시작했다.

이 기술은 자신의 몸에 침입한 바이러스의 DNA를 절단해 그 정보를 자신의 유전체 내에 저장해 가지고 있다가 다음에 다시 같은 유전 정보를 갖는 바이러스가 침입하면 저장된 정보로부터 침입한 DNA 염기 서열을 인식해 잘라 버려 무력화하는 CRISPR라는 유전자를 포함한 세균의 면역 반응 시스템에서 유래했다.

CRISPR 유전자는 1987년 세균의 유전체를 연구하던 일본 과학자에 의해 최초로 보고되었다.[1] 그러나 유전자의 존재만 알아냈을 뿐 당시에는 이 유전자가 세균에서 어떤 기능을 수행하는지 전혀 알지 못했다. 그로부터 6년 후인 1993년, 다양한 세균들의 유전체 염기 서열을 정밀 분석한 결과 여러 세균들이 모두 CRISPR 유전자를 가지고 있음을 발견했다.[2] 또 놀랍게도 바이러스의 염기 서열이 CRISPR 유전자의 중간중간에 존재하는 것을 확인했다.[3] 그러나 이런 보고가 CRISPR 유전자의 기능을 설명하지는 못했다. 다만 이 유전자의 염기 서열을 분석한 결과 DNA 회문(回文) 구조를 만들 수 있는 염기 서열이 여러 번 반복되어 나타나는 것을 보고 그 영문 머리글자를 따서 CRISPR(Clustered Regularly Interspaced Short Palindromic Repeats, 간헐적으로 반복되는 회문 구조 염기 서열 집합체)라고 명명했다.

CRISPR의 기능은 대학 연구실이 아닌 덴마크의 요구르트 회사 다니스코(Danisco)의 연구원에 의해 최초로 규명되었다.[4] 요구르트를 발효시키는 유산균은 바이러스 감염에 취약한데, 2007년 로돌프 바랑구(Rodolphe Barrangou) 등 이 회사의 연구원들이 특정 유산균이 바이러스에 내성을 가진 것처럼 행동하는 현상을 발견한 것이다. 이들은 바이러스에 내성을 갖는 것처럼 보이는 유산균의 유전체에서

그림 12.1 CRISPR-Cas9의 작동 메커니즘. CRISPR가 자를 부분을 지정하면 Cas9이 그 부분을 자른다.

CRISPR 유전자들이 활성화되어 있는 것을 발견했다. 또한 내성을 보이는 유산균의 CRISPR 유전자 사이에 세균을 파괴하는 바이러스인 **박테리오파지**의 유전자 염기 서열이 존재하는 것도 확인했다. 즉 바이러스의 유전자 서열을 CRISPR 유전자 내부에 갖고 있는 유산균은 이를 발현해서 바이러스의 침입에 대응할 수 있다는 것을 확인한 것이다.

그동안 노출된 항원에 대항해 그 정보를 저장했다가 동일 항원에 다시 노출되었을 때 반응하는 후천적인 적응 면역 반응은 고등 생명체에만 존재한다고 생각되어 왔다. 이 발견으로 적응 면역이 세균에도 존재한다는 것이 처음으로 밝혀졌다. 또한 CRISPR 유전자가 고등 동물의 적응 면역과 유사한 세균의 적응 면역 반응에서 중요한 기능을 하고 있다는 것이 알려졌다.

CRISPR의 기능 발견 이후 그 작동 메커니즘에 대해 연구하던 두 여성 과학자, 캘리포니아 주립 대학교 버클리 캠퍼스의 제니퍼 다우드나(Jennifer Doudna)와 스웨덴 우메오 대학교의 엠마누엘 샤르팡티에(Emmanuelle Charpentier)는 2012년 《사이언스》에 세균의 CRISPR 작동 메커니즘을 규명한 논문을 발표했다.[5] 세균은 침입한 바이러스인 박테리오파지의 염기 서열을 작은 조각으로 절단해 CRISPR 유전자 사이에 저장하고 있으며, 동일한 박테리오파지가 다시 침입하면 그에 대한 반응으로 CRISPR 유전자 사이에 저장했던 박테리오파지의 염기 서열을 RNA로 **전사**(transcription)한다. 전사된 RNA는 DNA를 절단할 수 있는 기능을 갖는 'Cas9' 단백질과 복합체를 이루고, RNA는 상보적 염기 서열을 갖는 DNA에 결합할 수 있으므로 Cas9을 침입한

그림 12.2 제니퍼 다우드나. ⓒ Duncan.Hull/wiki.(왼쪽) 엠마누엘 샤르팡티에. ⓒ Bianca Fioretti, Hallbauer & Fioretti/wiki.(가운데) 장펑. ⓒ PuppyEggs/wiki.(오른쪽)

박테리오파지의 DNA에게로 유도한다. 발현된 RNA가 박테리오파지의 DNA에 결합하면 Cas9 단백질이 침입한 파지 DNA를 절단한다.

이 연구에서 다우드나와 샤르팡티에는 CRISPR 유전자 내에 박테리오파지의 염기 서열이 보관될 때 21염기쌍 길이로 잘려 보관되며, 이때 꼭 박테리오파지의 염기 서열이 아니라 임의의 21염기쌍 길이의 서열을 CRISPR 유전자 사이에 삽입해도 CRISPR-Cas9 시스템이 정상적으로 작동함을 확인했다. 즉 아무 DNA 염기 서열을 골라 21염기쌍의 길이로 CRISPR 유전자 사이에 삽입해 주면 RNA가 발현해 삽입한 DNA와 동일한 염기 서열을 인식해 절단할 수 있다는 것이다. 이 연구 결과가 발표되자마자 MIT 장펑(張鋒, Feng Zhang) 박사 연구진은 CRISPR 시스템을 재빨리 인간과 쥐의 세포에 성공적으로 적용해, 세균뿐 아니라 인간 세포 같은 진핵 세포에서 원하는 표적 유전자를 잘라 내는 데에도 사용할 수 있음을 보였다.[6]

버클리 연구진과 MIT 연구진의 이 두 논문은 CRISPR 기술의 역사에서 가장 중요한 논문이라 할 수 있다. 그러나 CRISPR 기술의 특허권이 누구에게 있는지 버클리와 MIT-하버드 공동 유전체 연구 기관인 브로드 연구소(Broad Institute of MIT and Havard) 사이의 극심한 특허 분쟁이 진행된 바 있다. 미국 특허 사무국(The U. S. Patent and Trademark Office, USPTO)은 2017년 2월 버클리의 특허 내용인 다우드나와 샤르팡티에의 발견과 브로드 연구소의 장펑의 특허 내용이 동일한 발견이 아니라고 판결했다. 브로드 연구소에 유리한 판결이었고 같은 해 4월 버클리 쪽은 항소를 신청해 특허 분쟁의 2막이 시작되었다. 2018년 4월 미국 연방 순회 항소 법원은 버클리 쪽 항소 이유에 대한 변론을 들었고, 2018년 9월 이전의 판결을 유지하며 CRISPR 기술에 대한 브로드 연구소의 특허권을 인정했다.

CRISPR 유전자 가위가 임의의 DNA 서열에도 작동하며 인간 세포 등 진핵 세포에서도 작동한다는 이 두 가지 발견은 CRISPR 기술이 새로운 유전자 가위로서 기능할 수 있음을 처음으로 제시했다. 인류는 마침내 효율성과 특이성이 떨어져 유전체에 사용하기 어려웠던 기존 유전자 가위들을 대체할 수 있는 새로운 유전자 가위를 얻은 것이다. 이 발견을 통해 불과 몇 년 전까지 별다른 관심을 받지 못했던 CRISPR는 일약 과학계의 핵심 이슈로 부상했고, 짧은 기간 동안 CRISPR를 이용해 유전체 교정과 편집을 시도한 연구들이 봇물 터지듯 쏟아지기 시작했다.

13장 유전자 가위 기술의 역사

왜 유전자 가위가 필요한가?

12장에서 이야기했듯이 인간의 질병 가운데에는 치명적인 유전병이 아주 많다. 또 유전병의 소지가 있는 유전자 변이는 당장 발현되지 않고 유전 정보 내에 숨어 있다가 자손 세대에서 갑자기 나타날 수도 있다. 인류가 막대한 자본, 노력, 시간을 투입해 인간 유전체 정보를 알고 싶어 한 가장 중요한 이유 중 하나도 이러한 불합리한 유전병의 운명에 속수무책으로 순응할 수는 없다는 자각이 아닌가 싶다.

1980년대로 접어들어 DNA 재조합 기술이 보급되기 시작하면서부터 과학자들은 유전체에 존재하는 질병 유발 유전자를 직접 고칠 수 있는 '유전자 치료'를 꿈꾸며 가능한 여러 가지 기술을 발전시켜 왔다. DNA 재조합 기술은 유전체에서 특정 유전자의 DNA를 확보하고 그것을 임의의 생명체에 넣어 발현시키는 기술이다.

그런데 생명체의 유전자를 원하는 형태로 바꾸기 위해 첫 번째로 꼭 필요한 기술은 유전체 내 특정 유전자 부분을 자르는 것이다. 잘못된 부분을 잘라 낼 수 있어야 그 부분을 새것으로 대체할 수 있기 때문이다. 그래서 유전자 치료 연구자들은 원하는 부분의 DNA를 잘라 낼 수 있는 유전자 가위 기술을 발전시켜 왔다.

역사에 처음 등장한 유전자 가위는 세균에서 발견된 제한 효소(1장 참고)다. 제한 효소는 원래 세균이 바이러스나 외부 DNA의 침입에 대처해 자신을 방어하는 수단으로 가지고 있는 효소로, DNA 절단 기능을 수행한다. 다양한 세균에서 이런 제한 효소가 여럿 발견되었다. 제한 효소는 바이러스 등 외부 DNA가 세균 안으로 들어오면 세균 유전자와 구분되는 회문 구조의 특정 염기 서열을 인식해 절단하는 기능을 수행한다. 각 제한 효소는 보통 4개에서 많게는 8개의 염기 서열로 구성된 특이적인 DNA 염기 서열을 인식한다. 1970년부터 지금까지 200여 가지의 서로 다른 인식 서열을 가지는 제한 효소들이 발견되었고, 우리가 절단하고자 하는 유전자 부분의 염기 서열에 따라 제한 효소를 골라 사용할 수 있다. 제한 효소는 아주 유용한 DNA 재조합 기술과 분자 생물학 기술로 이용되어 왔고 현재도 이용되고 있다.

유전자는 아데닌(A), 티민(T), 구아닌(G), 시토신(C) 네 종류의 서로 다른 염기로 구성되어 있다. 수많은 염기쌍이 모여 한 생물의 유전체를 이루는데 인간 유전체의 경우 염기쌍의 개수는 30억 개에 달한다. 이렇게 많은 수의 염기로 구성되어 있다 보니 확률적으로 부분

부분이 우연히 일치하는 염기 서열이 유전체 내에 여러 개 존재할 수 있다. 바로 이 때문에 제한 효소에는 유전자 같은 상대적으로 작은 조각의 DNA에는 유용하지만 유전체에 적용할 수는 없다는 한계가 생긴다. 유전체 내에는 이렇게 '우연히 일치하는' 염기 서열이 여럿 존재하고 제한 효소는 이들을 모두 동일하게 인식해 절단해 버리기 때문이다. 따라서 제한 효소는 유전체의 원하는 부분만이 아니라 원하지 않는 부분까지 여럿 자르므로 여러 가지 다른 변이를 만들 수밖에 없다.

유전자 가위로 사용하기 위해서는 원하는 부분만을 자르는 '특이성'이 매우 중요하다. 제한 효소 이후 개발된 유전자 가위로는 '아연 집게'라고도 불리는 **징크 핑거 가위**(zinc finger nuclease, ZFN)가 있다.[1] 원래 징크 핑거는 대부분의 진핵 세포에서 유전자의 발현을 조절하는 **전사 인자**의 이름이다. 전사 인자는 유전자 발현을 조절하기 위해 유전자 앞에 위치하는 스위치에 해당하는 특정 DNA 염기 서열에 결합하는데, 징크 핑거는 전사 인자의 DNA와 결합하는 부분에 존재하는 구조 중 하나이다. 이렇게 특정 염기 서열을 인식해 DNA 이중 나선에 결합하는 특성을 가지고 있는 징크 핑거에 비특이적인 DNA 절단 효소를 인위적으로 연결해 유전자 가위로 개발한 것이 징크 핑거 가위이다. 징크 핑거 가위는 보통 8~10개의 염기 서열을 인식해 잘라 내므로 유전체에 적용할 경우 4~8개의 염기 서열을 인식해 잘라 내는 제한 효소보다 특이성이 높아 오류의 가능성을 줄일 수 있었다. 그러나 여전히 원치 않는 곳을 여럿 자른다는 한계를 가지고 있었다.

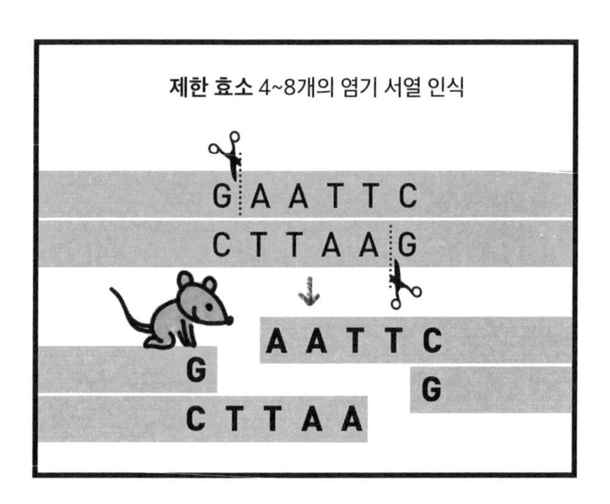
제한 효소 4~8개의 염기 서열 인식
GAATTC
CTTAAG
AATTC
G
G
CTTAA

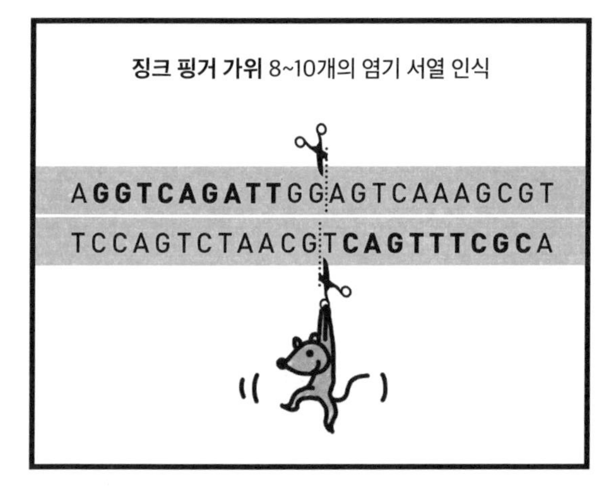
징크 핑거 가위 8~10개의 염기 서열 인식
AGGTCAGATTGGAGTCAAAGCGT
TCCAGTCTAACGTCAGTTTCGCA

탈렌 유전자 가위 한쪽당 10~12개로 양쪽
최대 20개 염기 서열 인식
AGGTCACTATNNNNNNNNNGCGGTAATGAT
TCAAGTGATANNNNNNNNNCGCCATTACTA
탈렌 유전자 가위는 특이성이 꽤 높지만 DNA의 서열에 따라 매번 가위의 구조를 변형시켜야 해 번거롭습니다.

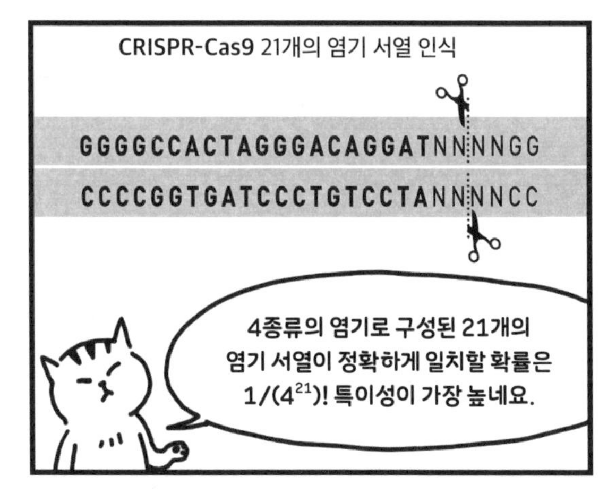
CRISPR-Cas9 21개의 염기 서열 인식
GGGGCCACTAGGGACAGGATNNNNGG
CCCCGGTGATCCCTGTCCTANNNNCC
4종류의 염기로 구성된 21개의 염기 서열이 정확하게 일치할 확률은 1/(4^21)! 특이성이 가장 높네요.

CRISPR가 등장하기 직전, 가장 최근에 개발되었던 유전자 가위는 2010년 전후로 등장한 **탈렌**(TALEN, Transcription Activator-Like Effector Nucleases)이었다.[2] 탈렌은 특정 염기 서열을 인식하는 **탈 이펙터**(TAL effector) 부분과 DNA의 염기 서열을 자르는 **핵산 내부 분해 효소**(endonuclease)로 구성된 단백질 복합체를 말한다. 탈 이펙터는 전사 인자와 비슷하게 특정 염기 서열을 인식하는 특성을 가지고 있다. 탈 이펙터는 한쪽당 10~12개로 최대 20개 염기 서열을 인식할 수 있고, 자르고자 하는 DNA 염기 서열에 따라 탈 이펙터의 구조를 '모듈'처럼 변형할 수 있다. 탈렌 유전자 가위는 탈 이펙터의 구조를 변화시킴으로써 다양한 염기 서열을 인식하도록 디자인할 수 있어 이용할 수 있는 범위가 넓어졌다. 또한 더 많은 수의 염기를 인식하므로 오류 발생 가능성을 징크 핑거 가위보다 줄일 수 있었다. 그러나 탈렌은 매번 자르고자 하는 DNA 염기 서열에 맞추어 탈 이펙터 부분을 디자인하고 새로운 가위를 만들어야 해서 매우 번거로웠고 시간과 노력이 많이 소모되었다.

탈렌이 여러 종의 생물 유전체에 적용되어 막 그 효용성을 보이려던 시기인 2012년 전후에 CRISPR 유전자 가위가 발견되었다.

CRISPR-Cas9 유전자 가위는 다양한 세균의 세포 내에 있는 CRISPR 유전자 사이에 자르고자 하는 DNA의 염기 서열과 동일한 21개 염기 서열의 DNA를 삽입한 후, 이 유전자와 DNA를 자르는 효소인 Cas9에 대한 유전자를 함께 발현시키는 간단한 시스템이다. 발현된 CRISPR 유전자 RNA는 유전체에서 CRISPR에 삽입된 21개

DNA 염기 서열과 동일한 부분을 찾아가 정확하게 DNA를 절단하므로 특이성이 탁월한 유전자 가위이다.

제한 효소부터 탈렌까지 유전자 가위들은 적게는 4개 많게는 12개의 염기 서열을 인식한다. 인간 유전체의 염기쌍이 약 30억 개이므로, 이 가위들을 인간 유전체에 적용했을 경우 유전자 가위가 인식하는 염기 서열이 유전체의 다른 부분에도 존재할 확률이 높아, 유사한 염기 서열이나 원하지 않는 부분을 자를 수 있는 오류 가능성이 높았다. 반면 CRISPR는 21개의 염기 서열을 인식한다. 수학적으로 계산해 보면 21개의 염기 서열이 정확하게 일치할 가능성은 염기가 4종이므로 4의 21제곱분의 1, 즉 대략 4조 4000만분의 1이다. 유전체 내에서 21개 염기 서열이 동일한 경우가 나타나려면 4조 4000만 개의 염기 서열이 필요하다는 뜻이다. 인간 유전체의 염기쌍 30억 개는 이보다 훨씬 적은 수이다. 그러므로 CRISPR가 인간 유전체에서 의도치 않은 다른 부분을 절단할 가능성은 확률적으로는 거의 일어날 수 없다. 이런 이유로 CRISPR 가위를 유전체에 적용할 때 비특이적인 절단 오류가 발생할 확률이 다른 유전자 가위 기술과 비교 불가능하게 낮아진다.

드디어 인류는 그토록 오랫동안 열망하던, 우리 자신을 포함한 모든 생물의 유전체에서 원하는 부분을 마음대로 잘라 내고 다른 유전자로 교체하거나 새로운 유전자를 삽입할 수 있는 정교한 도구를 손에 넣었다. 우리는 이 CRISPR 유전자 가위를 무엇을 위해, 어떻게 사용해야 할까?

14장 유전자 가위 기술의 적용

유전자 가위, GMO인 듯 GMO 아닌 GMO?

CRISPR-Cas9 유전자 가위는 자르기를 원하는 부분의 DNA 염기 서열을 지정하는 기능을 수행하는 CRISPR 유전자와 CRISPR가 지정한 부분을 직접 자르는 Cas9이라는 단백질로 이루어진 유전자 가위이다. 이 가위를 이용하려면 자르고 싶은 부분의 DNA 염기 서열에 해당하는 21개의 염기 서열을 합성해 CRISPR 유전자 사이에 포함시켜 주면 된다.

생명 과학과 생명 공학 분야에서 유전자 가위는 단순하지만 매우 중요한 핵심 기술이다. 생물의 유전체에서 어떤 유전자 정보를 제거하거나 외부로부터 원하는 유전자를 도입하거나 다른 유전자로 바꾸거나, 더 나아가 우리 마음대로 유전체를 주물러 새로운 형태의 유전체 변형 생명체를 제작하기 위해서는 유전체 일부인 DNA 이중 나선 구조를 절단해야 하기 때문이다.

2012년까지 채 10여 편도 되지 않던 CRISPR 연구 관련 논문은 CRISPR를 세균만이 아니라 진핵 세포의 모든 염기 서열에 대해서도 특이적인 유전자 가위로 사용할 수 있다는 다우드나와 샤르팡티에 및 장펑 연구실의 연구 결과가 발표된 이후 급격히 증가하기 시작했다. 2013년 100여 편, 2014년 약 240편의 CRISPR 관련 논문이 발표되었고, 현재는 대부분의 분자 생물학 연구실에서 CRISPR를 이용해 연구를 진행하고 있다. 또한 CRISPR는 생명 과학 연구실뿐 아니라 아주 다양한 분야에서 활발하게 응용되고 있다. 예를 들어 맥주 맛을 더 좋게 만들기 위해 맥주 제조 공정에 기존 효모 대신 CRISPR를 이용해 유전체를 변형시킨 효모를 이용한다는 논문도 있다.[1]

CRISPR-Cas9 유전자 가위를 유전체 변형에 이용하기 위해 가장 많이 쓰는 방법은 CRISPR 유전자와 Cas9 단백질 발현에 관여하는 각종 유전자를 모두 세포 내로 도입하는 방법이다. 세포 내로 도입된 CRISPR 시스템의 유전자들은 각각 RNA와 단백질로 발현되어 세포 내에서 활성을 가지고 기능하게 된다.

유전자들을 세포 내로 도입하는 데에는 기존의 유전자 재조합 기술에서 많이 사용되던 플라스미드 같은 재료와 방법이 그대로 사용되었다. 이미 잘 정립된 유전자 재조합 기술을 CRISPR 시스템에 적용하는 것이 방법도 쉽고 비용도 적게 들기 때문이다. 이 방법은 유전자 가위를 활용하는 대부분의 실험실에서 사용되고 있다.

그러나 CRISPR와 Cas9은 세균의 유전자이고 CRISPR 기술이

유전자 변형 효모로 만든
맥주를 구했다.
BEER

마셔 봐.

너무 너무 맛있잖아!!

적용되는 생명체에게는 '외부 유전자'이다. 따라서 GMO 관련 법규에 따라서 규제를 받는다. 대부분의 국가에서는 외부 유전자가 인위적으로 도입된 동식물 등을 GMO라고 규정하고 각종 규제를 실행하고 있다.

규제를 피하기 위해 과학자들은 자르고자 하는 염기 서열을 포함하는 CRISPR 유전자 등 관련 유전자들을 도입하는 대신 자르고 싶은 유전체 부분의 염기 서열 21개에 해당하는 서열의 **가이드 RNA(guide RNA)** 를 따로 실험실에서 합성하고, 이것과 이미 단백질로 발현되고 정제된 Cas9을 복합체로 만들어 직접 세포 내부로 투입시키는 방법을 사용하고 있다. 이 방법은 우리나라의 김형범 연세 대학교 의과 대학 교수 연구실에서 최초로 도입했다.[2]

이 방법을 이용하면 외부 유전자를 도입할 필요 없이 이미 식물이나 동물에 존재하고 있는 유전자를 잘라 내고 이어 붙임으로써 새로운 유전체 형질을 발현하는 품종을 만들어 낼 수 있다. 외부 DNA 사용 없이 RNA-Cas9 복합체를 직접 농작물 씨앗에 주입해 간단히 유전자 변형을 성공시킬 수 있는 이 방법은 이미 상추, 담배, 벼 등의 농작물과 가축에 적용되었고 앞으로 종자 산업에 혁신을 가져올 것으로 기대된다. 관련 유전자들을 직접 넣어 주는 방법보다 성공 확률이 상대적으로 낮지만, 이 방법을 활용한 생명체는 GMO의 기준에 해당되지 않아 GMO 관련 법규의 규제를 받지 않는 편의성이 있다.

실제로 CRISPR 연구자들은 본인들의 연구 결과물이 GMO가 아니라고 역설하며 기존 GMO와의 차별성을 주장하고 있다. Cas9 단백질과 가이드 RNA를 사용해 만든 식물이나 동물에는 외부 유전자가 전혀 삽입되지 않았고 단지 원래 식물이나 동물이 가지고 있던 유전체의 일부, 즉 아주 작은 특정 유전자 부분만 삭제되었다. 자연적으로 발생할 수 있는 변이와 크게 다르지 않은 작은 변이만을 가지고 있으므로 외부 유전자가 삽입된 GMO와는 다르다는 것이다.

그러나 GMO를 강력하게 규제해 온 유럽의 시민 사회는 이 문제를 민감하게 받아들였다. 2015년 12월, 유럽 의회는 CRISPR 기술을 적용한 생명체에 대한 규제 기준을 마련하라는 선언문을 발표하기도 했다.[3, 4] 그러나 약 2년 후인 2018년 1월, 유럽 연합 사법 재판소는 GMO에 적용되는 엄격한 규제를 CRISPR 유전자 편집 기술로 만들어진 동식물에는 더 이상 적용하지 않을 방침이라고 발표했다.[5]

2018년 7월 25일, 이 의회는 다시 입장을 바꾸어 외부 유전자가 전달되지 않았더라도 CRISPR를 사용해 만들어진 식물은 전통적인 GMO와 같은 규제 및 허가 과정을 거쳐야 한다고 발표했다.[6] 이러한 결정은 앞으로 CRISPR를 적용하는 동식물의 허용 여부에 많은 논란을 불러일으킬 것으로 예상된다.

CRISPR 기술은 생물의 유전체를 변형하는 데 필요한 시간과 비용을 획기적으로 감소시키는 혁신을 가져왔다. 예를 들어 2005년에 징크 핑거 유전자 가위를 이용해서 유전체 편집을 수행할 경우 적어도 5,000달러의 비용이 필요했지만 CRISPR를 이용해 동일한 작업을 수행할 경우 단돈 30달러밖에 들지 않는다. 또 기존 방법으로는 유전체에서 특정한 유전자를 제거한 생쥐를 만드는 데 적어도 1년의

시간이 소요되었는데 CRISPR 방법을 적용하면 2개월 정도면 가능하다.[7,8]

특이성, 비용, 시간 등의 측면에서 탁월한 CRISPR 기술은 생명 과학 연구의 양적 성장을 촉진하고 있다. 또한 신품종 개발, 여러 목적의 유전체 변형 동식물 제조, 유전병 치료 기술 연구 등 다양한 바이오테크놀로지에 적용되어 무한한 산업적 활용 가능성을 제시하고 있다. 이런 이유로 CRISPR가 'DNA 혁명'을 가져왔다고까지 하는 것이다.[9]

미국 서부 개척 시대에 새로 발견된 금광으로 사람들이 몰려드는 것을 골드 러시(gold rush)라고 했다. 2013년 이후 CRISPR를 활용하는 바이오테크놀로지 벤처들이 전 세계적으로 대거 설립되었고 이 벤처 회사들로 막대한 투자 자본이 몰리고 있다. 이 상황을 골드 러시에 비유해 'CRISPR 골드 러시'라고 부른다.[10] CRISPR 기술이 생명과학계만이 아니라 우리의 일상 세계와 사회를 어떻게 바꾸고 있는지, 그리고 어떤 문제를 야기하고 있는지 이어지는 5부에서 살펴보자.

5부

CRISPR 테크놀로지가 바꾼 세계

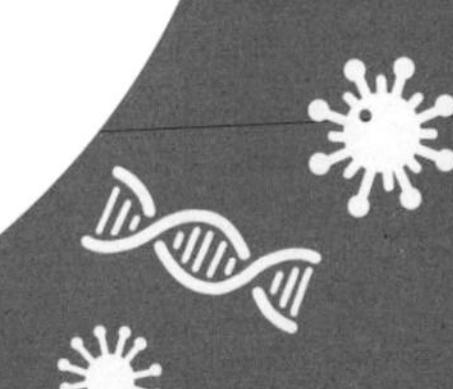

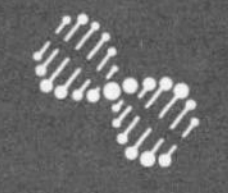

15장 유전자 가위 기술과 유전자 드라이브

말라리아모기 줄이는 획기적 방법, 아시나요?

CRISPR 가위 기술의 가장 큰 기여는 생명 과학 연구에 아주 유용한 도구와 방법을 제공해 준다는 것이다. 현재 우리는 유전체가 어떤 염기 서열로 구성되어 있는지 쉽게 읽어 내는 수준에 이르러 있다. 그러나 그 염기 서열로 구성된 DNA가 각각 어떤 기능을 하는지 거의 이해하지 못하고 있다. CRISPR 기술을 이용하면 인간 유전체에서 유전자를 하나씩 제거해 볼 수 있고 그때마다 표현형이 어떻게 바뀌는지 관찰할 수 있다. 이 방법을 이용하면 유전체를 이루는 유전자들이 각각 어떤 기능을 수행하는지 이해할 수 있게 된다. 유전자 연구의 새로운 기반을 마련했다 할 수 있는 것이다.

또한 CRISPR 기술로 유전체 내 원하는 단백질 유전자 뒤에 형광 단백질 유전자를 붙여 줌으로써 그 유전자에 의해 발현되는 단백질의 위치를 손쉽게 추적하고 그 발현 정도도 확인하는 것이 가능해졌다. 지금까지 생명 과학 연구에서는 다른 동물에 비해 상대적으로 유전체 내 특정 유전자를 없애거나 집어넣는 것이 용이했던 마우스가 주로 이용되어 왔으나 CRISPR 기술의 발견으로 물고기, 토끼, 염소, 양, 돼지, 개, 원숭이, 유인원 등 거의 모든 생물에서 유전체 변형이 가능해졌고 이들을 모두 모형 생명체로 쉽게 이용할 수 있게 되었다.

이 결과 신약의 효과나 병의 발병 원인 등을 연구할 때 인체와 더 유사한 동물 모형에서 연구하는 것이 가능해졌다. 다양한 모형 생물을 이용하면 신약의 효과 검증과 새로운 치료법 개발 등이 훨씬 더 정확하고 용이해질 것으로 기대된다. 분자 생물학과 유전학, 세포학 등 거의 모든 생명 과학 연구 분야에서 CRISPR 기술은 기존 연구 방법의 한계를 극복할 수 있는 도구와 방법을 제공하고 있다.

CRISPR 기술의 활용은 연구 분야로만 제한되지 않는다. 세균부터 곤충, 식물, 동물, 사람에 이르기까지 적용되지 않은 생명체가 없을 정도로 많은 생물을 대상으로 해서 다양한 영역에서 활용되고 있다. 15장에서는 그중 성공적이라고 알려진 몇몇 사례들을 살펴보고자 한다.

CRISPR 유전자 가위 기술은 **유전자 드라이브**(gene drive)라는 유전학적 방법론에 손쉽게 적용될 수 있다. 유전자 드라이브는 2003년 영국의 진화 유전학자인 오스틴 버트(Austin Burt)가 제안한 것으로, 종(種) 집단 전체에서 특정 유전자를 갖는 개체 수의 분포를 조절하는 방법이다. **유성 생식**을 하는 생명체는 유전 정보를 갖고 있는 염색체를 부와 모로부터 각각 하나씩 받기 때문에 염색체 내에 존재하는 유전자도 두 카피를 가지게 된다. 그러므로 유전자가 부나 모 각각에서 자손으로 전해질 확률은 2개의 카피가 각각 50퍼센트씩이다. 유전자 드라이브는 이 '자연적' 확률을 바꾸는 방법이다. 어느 한쪽 카피가 전달되는 확률을 50퍼센트보다 '증강'시켜 특정 유전자가 편향적으로 많이 전달되도록 함으로써 유전자 풀 전체에서 특정 유전자가 증가하도록 인위적으로 조절한다. 그 결과는 어떤 생물 종 집단에서 특정 **표현형**(phenotype)을 결정하는 유전자의 특정 **유전형**(genotype)이 선택적으로 증가하거나 감소하는 현상으로 나타난다. 유전자 드라이브는 한 세대에서 다음 세대로 계속 이어지며 세대가 더해질수록 전체 집단으로 확산되어 나타난다.

유전자 드라이브를 유도하려면 정자와 난자를 만드는 생식 세포의 유전체 중 자손에서 바꾸고 싶은 유전자형 부분의 DNA를 잘라줘서, 정자나 난자를 만드는 과정에서 임의로 일어나는 DNA 재조합이 이 부분에서 일어나도록 유도해야 한다. 정자와 난자 생성 시 일어나는 유전자 재조합을 인위적으로 유도하는 도구로 CRISPR 유전자 가위를 이용하는 것이다.

CRISPR 유전자 가위를 이용한 유전자 드라이브는 말라리아 모기의 유전자 변형에 처음으로 도입되었다. 말라리아는 매년 2억 명에서 3억 명이 감염되고 수십만 명이 사망하는 위험한 질병으로, 아직도 효과적인 치료 방법이 개발되어 있지 않다. 말라리아는 말라리아모기에 기생하는 말라리아원충이라는 기생충에 의한 질병으로 이

기생충에 감염된 모기가 질병을 옮긴다. 현재 지구 온난화로 말라리아모기가 서식하는 지역이 늘어 전염병 확산에 대한 우려가 심각해지고 있는 상황이다.

말라리아를 막을 수 있는 가장 확실한 방법은 말라리아를 옮기는 모기의 개체 수를 감소시키는 것이다. 2013년 영국 임페리얼 대학의 토니 놀런(Tony Nolan)과 안드레아 크리스티(Andrea Cristi) 연구진은 모기의 임신에 관여하는 3개의 유전자를 변형할 경우 암컷 모기를 불임으로 만들 수 있다고 발표했다.[1] 그러나 이 임신 관련 유전자들의 돌연변이를 유도해 모기를 불임으로 만든다고 해도 불임인 돌연변이 개체는 자연 선택을 통해 전체의 유전자 풀에서 제거되어 유전자 분포에 큰 영향을 끼치지 않는다. 그러나 만약 유전자 드라이브를 적용한다면 상황은 달라질 수 있다. 2015년 놀런과 크리스티 연구진은 실험을 통해 CRISPR 유전자 드라이브로 불임 유전자가 모기 집단에 널리 퍼지도록 유도했을 때, 4세대가 지난 후 75퍼센트의 모기들이 불임 유전자를 갖게 되었다고 보고했다.[2]

말라리아의 확산을 막는 또 다른 방법은 말라리아원충의 전달자인 모기가 말라리아원충에 내성을 갖도록 해서 말라리아원충이 모기에 기생할 수 없도록 만드는 것이다. 2011년 캘리포니아 대학교 어바인 캠퍼스의 앤서니 제임스(Anthony James) 교수 연구진은 말라리아원충에 대항하는 항체를 생성하는 유전자를 발견해 모기에 이식하는 데 성공했다. 이 유전자를 이식받은 모기는 말라리아원충의 활성을 성공적으로 억제했다.[3] 하지만 이 유전자를 많은 수의 모기들에게 전

파시킬 방법은 한동안 찾지 못했다.

2015년 캘리포니아 주립 대학교 샌디에고 캠퍼스의 이샌 비어(Ethan Bier)와 발렌티노 간츠(Valentino M. Gantz)는 말라리아원충 항체 유전자를 이식한 모기에 CRISPR 유전자 드라이브 시스템을 적용했다.[4] 그들은 말라리아원충 항체 생성 유전자와 그것을 복제할 수 있는 유전자를 함께 후손에게 전달하도록 하는 전략을 사용했다. 또 이 시스템이 정상적으로 작동할 경우 모기의 눈 색깔도 함께 변화하도록 설계해 유전자 드라이브의 결과를 쉽게 확인할 수 있도록 했다. 결국 눈 색깔이 변화된 수컷 모기의 자손 중 99퍼센트에서 항체 유전자가 정상적으로 작동하는 것을 확인했다.

이렇게 CRISPR 가위 기술을 유전자 드라이브에 응용해 후손들에게 말라리아 전달 차단 유전자를 신속하게 확산시키는 모기 품종을 개발하는 데 성공할 수 있었다. 이런 유전자 변형 모기들은 말라리아에 대항할 수 있을 뿐만 아니라, 최종적으로 질병을 사라지게 만들 수 있다. 이 연구를 이끈 제임스 교수는 CRISPR 유전자 가위 기술을 이용한 유전자 드라이브가 말라리아뿐 아니라 댕기열, 그리고 요즘 유행하는 지카 등 모기 매개 질병을 박멸하는 데 적용할 수 있어 매우 유용하다고 밝히고 있다.

유전자 드라이브는 개조된 유전자 변형 형질이 빠르게 후속 세대 개체군으로 성공적으로 전달되는 것을 보장하는 기술이다. 변형된 유전자나 유전 형질을 종의 전체로 확산시킬 수 있는 방법을 제공하는 것이다. 이것은 자연 생태계에 심대한 영향을 미칠 수 있다. 그

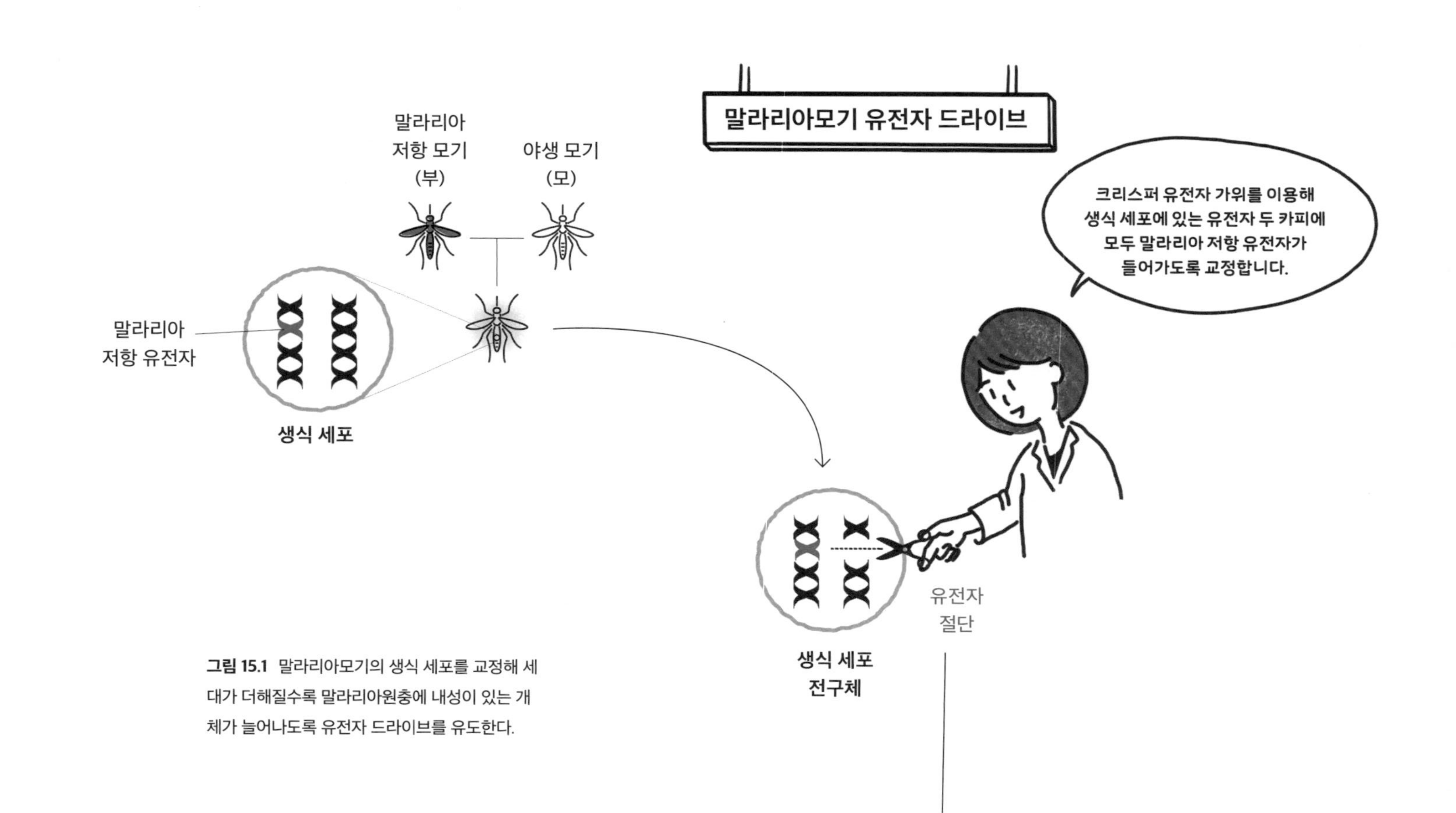

그림 15.1 말라리아모기의 생식 세포를 교정해 세대가 더해질수록 말라리아원충에 내성이 있는 개체가 늘어나도록 유전자 드라이브를 유도한다.

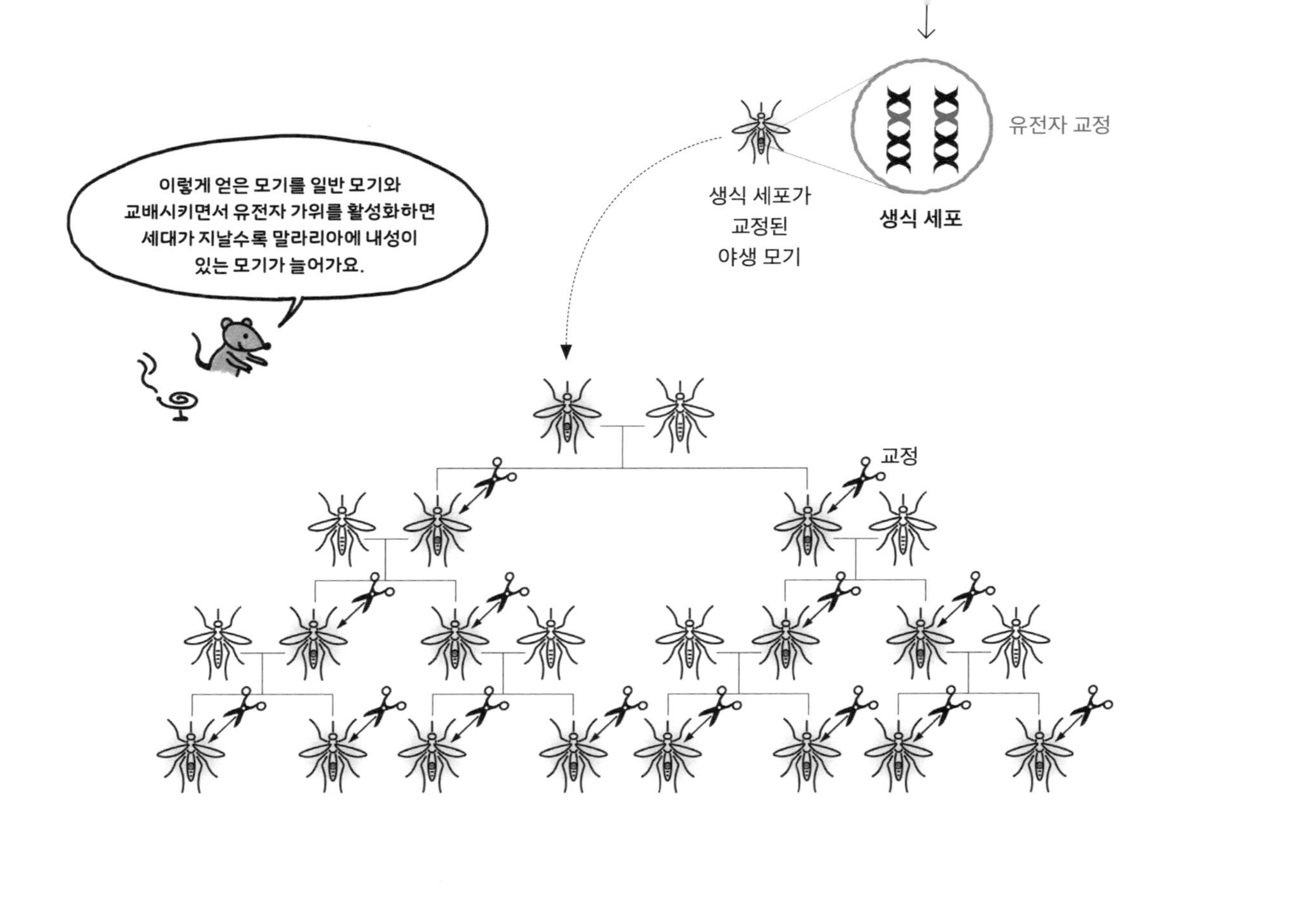
유전자 교정
생식 세포
생식 세포가
교정된
야생 모기
이렇게 얻은 모기를 일반 모기와
교배시키면서 유전자 가위를 활성화하면
세대가 지날수록 말라리아에 내성이
있는 모기가 늘어가요.
교정

러나 구체적으로 어떤 결과를 초래하고 어떤 피해를 가져올 수 있는지 현재의 기술로 전혀 예측할 수 없다. 따라서 이 기술을 실험실 밖 자연에 광범위하게 적용하는 것은 매우 위험할 수 있다.

이런 이유에서 앞의 말라리아모기 연구진도 유전자 드라이브가 적용된 모기가 외부로 빠져나가는 것을 방지하기 위해 5중 구조로 밀폐된 장소에서 실험을 했다. 또 만일 모기가 빠져나가는 경우에 대비해 야생에서 생존할 수 없는 모기 종을 고르는 등 생태적 위험성을 줄이도록 치밀하게 준비했다고 한다.

많은 과학자들은 이미 유전자 드라이브가 적용된 개체는 생태계에 노출되지 않도록 조심해야 하며, 생태계에 위험한 영향을 미칠 수 있는 유전자 드라이브는 이를 제어할 수 있는 안전 장치가 마련될 때까지 자연계에 적용하는 것을 보류해야 한다고 주장하고 있다.[5] 현재 세계적으로 이 기술에 대한 가이드라인은 전혀 없는 상태다. 미국 국립 과학원(National Academy of Sciences. NAS) 산하 전문 위원회는 2016년 6월 유전자 드라이브 기술을 자연에 적용하는 것은 이르다는 의견을 발표했다.[6] 이렇게 자연에 있는 말라리아모기에 유전자 드라이브를 적용하는 것에 대한 찬반이 엇갈리고 있다. 이런 가운데 직접적으로 말라리아모기에 유전자 드라이브를 적용해 말라리아 감염을 줄이는 대신 유전자 변형을 통해 모기 입 모양 구조를 변형시켜 사람을 잘 물지 못해 말라리아를 잘 전파하지 못하는 변이체 모기도 개발되었다.

그런데 최근 놀라운 연구 결과가 보고되고 있다. 말라리아모기의 불임 유전자에 유전자 드라이브를 25세대까지 적용했을 때 처음 4세대까지는 유전자가 급감했지만 세대가 지나갈수록 유전자 드라이브 효과를 상쇄시키는 다른 변이가 만들어지고 이 변이가 선택되는 효과가 보고된 것이다.[7] 유전자 드라이브에 맞서 말라리아모기 종이 찾아낸 생존 전략이라 볼 수 있다. 자연이 얼마나 빠르게 생존의 길을 찾는지 보여 주는 놀라운 예이기도 하다. CRISPR 가위를 활용한 유전자 드라이브 방법을 자연에 적용하기에 우리의 지식은 아직 너무 부족한 것 같다. 이런 상태로 자연을 상대로 하는 유전자 룰렛 게임은 정말 시기상조라는 생각이 든다. 누가 질지 명확하지 않은가!

16장 유전자 가위 기술의 활용

유전자 가위, 에이즈 완치 길 열었다

기존 기술보다 상대적으로 효율이 높고 간편한 CRISPR 유전자 가위는 인간의 의도대로 세균, 동식물 등 다양한 생명체의 유전체를 교정하거나 편집하는 데 이용되고 있다. 15장에서는 CRISPR 유전자 가위 기술을 이용해 말라리아를 옮기는 모기가 자손을 가지지 못하게 하거나 말라리아균에 내성을 갖도록 해 말라리아의 확산을 막는 것에 대해 이야기했다.

뿐만 아니라 CRISPR 유전자 가위 기술은 우리 밥상에까지 진출하고 있다. 일부 학자와 언론은 21세기의 밥상이 '유전자 가위'로 만들어진 식재료로 뒤덮일 것이라고 예측한다. 식탁에 오르는 대부분 채소의 종자에 유전자 가위 기술이 적용되고 있기 때문이다. 맥주를 만드는 효모에서 특정 유전자를 CRISPR 유전자 가위로 제거해 맥주의 맛을 높이는 방법이 이미 사용되고 있으며, 갈변이 잘 일어나지 않는 사과와 피트산(phytic acid) 함량을 낮춘 옥수수도 개발되었다. 곡물의 껍질에 주로 많이 들어 있는 피트산은 순기능도 있으나 체내에서 칼슘, 철분, 마그네슘과 같은 필수 미네랄과 잘 결합해 이 물질들을 몸 밖으로 배출시킨다. 이게 너무 심한 경우 체내에서 필수 미네랄 이용성 저하 및 단백질 흡수 저하 등이 일어날 수 있기 때문에 피트산을 만드는 기능을 가진 유전자를 제거하거나 발현이 잘 안 되도록 바꾸는 것이다.

동물의 경우 개체가 만들어지기까지는 시간이 걸리는 데다 CRISPR 기술이 적용되기 시작한 지 몇 년 되지 않았으므로, 지금 시점에서 유전자 가위 기술이 적용되었다고 보고된 것들은 CRISPR보다는 주로 탈렌 유전자 가위가 적용된 것들이다. 언론에 소개된 '근육 강화 돼지', '뿔 없는 소'가 대표적이다. 2015년 6월 김진수 서울대학교 교수 연구진은 윤희준 중국 옌볜 대학교 교수 연구진과 공동으로 유전자 가위를 이용해 근육을 없애는 기능을 가진 마이오제닌(myogenin)이라는 단백질에 해당하는 유전자를 돼지의 유전체에서 제거해 일반 돼지보다 근육량이 많은 '슈퍼 근육 돼지'를 만들었다.[1] 이 연구에는 탈렌 유전자 가위가 사용되었지만 연구진은 동일한 실험을 CRISPR 유전자 가위로도 진행하고 있다고 밝혔다. 이 근육질의 슈퍼 돼지는 너무 커 출산 자체도 어려웠다고 한다. 연구진은 마이오제닌 유전자 두 카피가 모두 제거된 돼지를 그대로 계속 번식시키기보다는 정자를 농부들에게 팔아 정상 돼지와 교배시켜 **이형 접합체**

(heterozygote)로 만들면 매우 유용할 것이라고 제안했다.

소의 뿔은 보기는 좋으나 목장주 입장에서는 골칫거리다. 취급도 어렵고 서로 상처 입히는 원인으로 기능하기도 하고 다른 동물들을 해칠 수 있다. 목장에서는 일하는 사람들의 안전을 위해 소뿔을 잘라 내고 불로 지지고 있으나 이 과정이 소들에게 매우 고통스럽다고 한다. 2016년 탈렌 유전자 가위를 이용해 소뿔 성장을 조절하는 유전자를 제거하는 방법으로 뿔 없는 소가 만들어졌다.[2] 2017년에는 미국 캘리포니아 주립 대학교 데이비스 캠퍼스의 연구진이 CRISPR 기술을 이용해 뿔이 제거된 소를 만들었다고 발표했다.[3] 유전자를 변형시켜 태어나기 전 미리 뿔을 제거하는 것과 자라면서 자연스럽게 생긴 뿔을 자르고 제거하는 것 중 어느 것이 더 인도적인 것인지 나는 잘 판단이 되지 않는다. 그러나 뿔 없는 소가 농장에 보급되기 시작하면 100년쯤 후에는 소가 원래 뿔이 달렸던 동물인지 아무도 모르게 될 것 같다. 뿔 있는 투우용 소와 뿔 없는 일반 소로 종이 나뉘게 될까? 투우 같은 문화가 그때까지 남아 있다면 말이다.

사실 CRISPR 기술이 정립된 후 이를 동물에 적용하고자 하는 시도는 '인간 장기 생산용 돼지'에서 시작되었다. 이것은 인간의 수명 연장 욕망과도 관계가 있다. 평균 수명의 증가와 함께 늘어나는 이식 장기의 수요를 충족시키기 위해 다른 동물의 장기를 인간에게 이식하는 이종 간 장기 이식에 대한 사람들의 관심은 계속 높아져 왔다. 다른 종의 장기를 이식할 수 있다면 장기의 수요와 실제 기증되는 장기 수의 심각한 불균형 문제를 해결할 수 있을 것으로 기대되기 때문이

끙…
끙…
태어난 후
뿔을 떼어 낸 소

풀 좀 먹을래?
유전자 제거로
뿔 없이 태어난 소
응…
고마워….

진작 유전자를
편집했으면 이렇게
아플 일도 없잖아?
얼른 나아…

다. 특히 인간의 장기와 크기가 유사한 돼지의 장기들을 장기 이식에 사용할 수 있는가 하는 문제는 오랜 기간 논의되어 왔다. 그러나 돼지를 이용한 이종 간 장기 이식을 가로막는 여러 장벽이 존재하는데, 그 중 가장 위험하다고 알려진 장벽이 바로 돼지에 존재하는 돼지 내인성 레트로바이러스(porcine endogenous retrovirus, PERV)였다. 어느 동물이건 유전체에는 많은 바이러스가 존재한다. PERV는 돼지의 유전체 내부에 존재하고 돼지에게는 해가 없다. 대부분의 바이러스는 원래 숙주에는 별 해가 없지만 숙주가 바뀌게 되면 활성화되어 심각한 문제를 일으킬 수 있고, PERV도 이럴 가능성이 높다.

그동안 이 문제를 해결하기 위해 많은 제약 회사들이 PERV의 활성을 억제하는 약물 개발에 큰 돈을 투자해 왔다. 2015년 10월, 하버드 대학교 의과 대학의 조지 처치와 루한 양(Luhan Yang) 교수 연구진이 CRISPR를 이용해서 이 문제를 해결할 수 있는 단초를 제공한다. 연구진은 돼지의 세포 유전자에 포함되어 있는 62개의 PERV 유전자를 CRISPR 유전자 가위 기술을 이용해 제거하는 데 성공했다. 또한 이렇게 PERV 유전자를 제거한 돼지 세포는 인간 신장 세포의 PERV 감염을 1,000분의 1로 줄인다는 것을 확인했다.[4] 이후 같은 연구진은 CRISPR를 이용해 PERV 유전자를 제거한 세포의 핵을 돼지 수정란에 이식해 PERV 유전자가 모두 제거된 성체 돼지를 만들었다고 보고했고, 이들을 장기 이식에 이용할 수 있을 것이라고 제안했다.[5]

처치 교수는 한 인터뷰에서 PERV 유전자 제거와는 별도로 돼지의 배아를 가지고 돼지 세포의 표면에 존재하는 단백질과 관련된 유전자 중 인간의 면역 반응을 활성화하거나 혈액 응고를 유도하는 20여 개의 유전자를 CRISPR 기술로 모두 제거하는 연구를 진행하고 있다고 밝혔다. 돼지의 유전체에서 PERV 유전자뿐 아니라 인간 면역 반응 유발 유전자까지 모두 제거해서 돼지를 이종 간 장기 이식에 효율적으로 활용할 수 있을 것으로 예상했다.

실제로 2023년 10월 PERV 및 레트로바이어스 유전자와 면역 반응 유발 유전자 등 유전체의 69개 유전자에 CRISPR 유전자 가위를 적용한 돼지의 신장을 영장류인 원숭이에 이식했을 때 큰 문제 없이 1년 이상 생존할 수 있었다고 보고했다.[6] 그리고 마침내 2024년 3월 역사상 최초로 유전체에서 PERV 및 레트로바이어스 유전자와 면역 반응 유발 유전자 등을 제거하고 인간에게서 잘 작동할 수 있도록 인간의 몇몇 유전자를 넣어 준 돼지의 신장이 성공적으로 인간에게 이식되었다. 이 환자는 이미 5년 전 신장 이식을 받았으나 이식된 신장이 더 이상 제대로 작동하지 않고 다른 선택지가 없어 이번에 돼지의 신장을 다시 이식 받게 되었다고 한다. 다행히 수술이 성공적으로 끝나 병원측은 이 환자가 무사히 퇴원했다고 발표했다.[7] 그러나 장기적으로 이식된 신장이 제대로 기능을 할 수 있을지는 지켜볼 일이다. 인간에 대한 이종 간 장기 이식의 이번 성공은 근미래에 이종 간 장기 이식이 새로운 선택지의 치료법이 될 수 있음을 시사한다.

2016년에는 CRISPR를 이용해 체외 수정한 소의 배아에서 프리온(prion) 단백질을 발현시키는 유전자를 제거했다는 보고가 있었다.[8] '광우병 내성 소'를 만들기 위한 실험이었다. 프리온 단백질은 광우병을 일으키는 것으로 알려져 있지만 그 외 생체 내 기능은 아직 잘 알려져 있지 않다. 실제로 프리온 유전자가 제거된 소는 생리적으로 큰 이상을 보이지 않았고 생식 기능도 정상적이었다고 한다.

우리가 유전체와 유전체를 변형시킬 수 있는 유전자 가위에 관심을 갖는 가장 큰 이유는 아마도 다양한 유전병 때문일 것이다. CRISPR 유전자 가위 기술은 이 유전병 연구에도 적극 활용되고 있다. 특히 새로운 유전자 치료 기술을 인간에 적용하기에 앞서 쥐 등 실험 동물을 대상으로 한 검증 연구를 할 때 적용되고 있다.

뒤센느 근위축증(Duchenne muscular dystrophy, DMD)은 X 염색체에 존재하는 DMD 유전자의 변이로 인해 발생하는, 근육 세포가 잘 생성되지 않는 유전병이다. 텍사스 주립 대학교의 에릭 올슨(Eric Olson) 연구진은 2014년에는 쥐의 배아를 대상으로, 2015년 12월에는 성체 쥐를 대상으로 CRISPR 유전자 가위를 이용한 유전자 치료를 통해 뒤센느 근위축증을 치료하는 성과를 냈다고 발표했다.[9] 또한 2016년 가을에는 CRISPR를 이용해 근위축증 환자에서 유래한 심근육세포와 뒤센느 근위축증 질환 모형 쥐에서 뒤센느 근위축증을 일으키는 변이 유전자를 정상 유전자로 바꾸어 질환을 고칠 수 있었다.[10]

유전자 가위 기술이 사람에게 가장 성공적으로 적용될 수 있는 예는 HIV로 인한 에이즈를 완치시킬 수 있다는 가능성이다. HIV는 **T 세포**라는 면역 세포에 존재하는 CCR5 수용체를 통해 세포 내부로 침입해 면역 시스템을 망가뜨려 에이즈를 유발한다. 티모시 브라운(Timothy Brown)이라는 환자가 이 병이 완치된 첫 번째 환자로 알려져 있다. 그는 CCR5에 해당되는 유전자가 없는 골수 제공자의 조혈모세포를 이식받아 완치가 가능했다. (참고로 면역 세포 등 모든 혈액 세포를 만드는 줄기 세포인 조혈모세포는 골수에 존재한다.)

과학자들은 브라운의 사례에서 아이디어를 얻어 유전자 가위로 면역 세포에서 CCR5를 제거하는 에이즈 치료 전략을 세웠다. 2014년 하버드 대학교의 채드 코완(Chad Cowan)과 데릭 로시(Derrick Rossi) 연구진은 CRISPR-Cas9을 이용해 골수의 조혈모세포에서 CCR5를 효과적으로 제거할 수 있음을 보였다.[11] 연이어 2015년에 다른 연구진이 CRISPR 기술로 CCR5를 제거한 T 면역 세포는 HIV 감염이 억제됨을 보였다.[12] 2017년에는 CRISPR를 이용해 조혈모세포의 CCR5를 제거하면 체내에서 HIV 감염에 대한 저항성이 생긴다는 연구 결과가 발표되었다.[13] (이 실험은 사람 조혈모세포를 쥐에서 실험한 결과였다.) CCR5을 제거한 조혈모세포를 이식하는 방법은 앞으로 훌륭한 HIV 완치 전략으로 발전할 것처럼 보인다.

또 다른 연구 그룹은 면역 세포에서 HIV 수용체를 없애는 대신, 유전자 가위 기술을 이용해 이미 HIV에 감염된 T 세포에서 HIV가 복제되지 못하도록 HIV 유전자를 직접 변형시키는 전략을 설계했다.[14] HIV의 유전자 말단 부분에 존재하는 부분(긴 말단 반복(long terminal repeat, LTR)이라고 한다.)을 표적으로 해서 이를 선택적으로 잘라 내도록 유도한 것이다. 또한 CRISPR 가위가 유전체의 다른 부분을 임의로 자르는 효과를 피하기 위해서 HIV와 인간의 유전체를 모두 비교 분석해서 HIV에만 있는 염기 서열을 선택했다. 그 결과

CRISPR-Cas9 시스템이 HIV의 유전자와 인간 유전체에 복제된 HIV 유전자를 탐지해 잘라 내는 것을 확인했다. 그러나 최근 연구 결과에 따르면 CRISPR에 의해 변형된 HIV 바이러스는 다른 변이를 만들어 복제 기능을 빠르게 회복한다고 한다.[15] 따라서 HIV의 경우는 수용체를 제거하는 것이 더 나은 접근으로 보인다.

그러나 두 경우 모두 환자의 몸에 있는 T 면역 세포나 조혈모세포를 추출하고, CRISPR를 적용해 바이러스나 수용체를 없앤 후 다시 넣어 주기를 반복해야 하는 기술적 어려움이 있다. 매우 효과적인 항바이러스 칵테일 HIV 치료제들이 많이 개발되어 쓰이고 있는 지금, 유전자 가위를 이용한 불편한 치료를 꼭 해야 하는가에 대한 회의를 제기하는 의견도 있다.

이와 같이 유전자 가위를 질병 치료에 응용하는 데에는 기술적인 한계가 있다. 수많은 체세포에 CRISPR-Cas9을 넣어 줘야 하고 그것들이 모두 다 제대로 작동해야 하기 때문이다. 유전자 가위를 이용해 세포의 유전체 정보를 바꾸는 경우 가장 효과적인 방법은 수정란이나 초기 배아 세포에 적용하는 것이다. 그래야 이 세포들에서 유래한 생명체의 세포 대부분이 바뀐 유전 정보를 따라 만들어지기 때문이다.

슈퍼 근육 돼지나 뿔 없는 소는 모두 수정란이나 초기 배아 세포에 이 CRISPR 유전자 가위 기술을 적용한 것이다. 만일 우리가 언젠가 유전자 치료를 위해 CRISPR 유전자 가위 기술을 사용할 수밖에 없게 된다면 수정란이나 초기 배아 세포에 이 기술을 적용하게 될 것이고, 그것이 야기할 윤리적, 철학적 문제를 피해 가기 어렵게 될 것이다.

17장 유전자 가위 기술과 유전자 치료

'부모 유전자 탓' 운명에 맞서다

인간의 유전병은 700여 개 있는 것으로 알려져 있다. 그중에는 혈우병처럼 치명적인 질병도 많다.

우리 몸의 유전자는 대부분 한 쌍의 복사본으로 이뤄져 있다. 어머니와 아버지에게서 각각 하나씩 받은 것이다. 유전병은 이 유전자 복사본에 변이가 하나라도 생길 때 발생한다. 그런데 한 쌍의 복사본 중 하나에만 변이가 있어도 유전병이 생기는 경우(이를 보통 우성 변이라고 한다.)가 있고, 반대로 하나에만 변이가 있으면 다른 복사본의 정상 유전자 덕분에 아무 증상이 없다가 자손 세대에 유전될 때 배우자의 변이된 유전자 복사본과 만나 한 쌍의 복사본이 모두 변이 유전자가 되면 유전병이 생기는 경우(이것을 열성 변이라고 한다.)가 있다.

인류가 막대한 자본과 노력, 시간을 투입해 인간 유전체 계획으로 인간 유전체 정보를 알고 싶어 한 가장 중요한 이유 중 하나도 부조리하다고 할 수 있는 유전병의 운명에서 벗어나고 싶다는 바람이 아닌가 싶다. 그래서 1980년대 이후로 DNA 재조합 기술이 보급되기 시작하면서부터 과학자들은 유전체에 존재하는 질병 유발 변이 유전자를 고쳐 줄 '유전자 치료'를 꿈꾸며 다양한 기술을 발전시켜 왔다.

유전체에 포함되어 있는 특정 유전자를 원하는 형태로 바꾸고자 한다면 유전체 안에서 바꾸고자 하는 유전자 부분 근처를 자를 수 있어야 한다. 유전자 치료의 경우에도 일단 잘못된 유전자를 잘라 낼 수 있어야 그 부분을 정상적인 유전자로 대체하거나 유전자 내의 변이를 정상적인 유전자형으로 바꿀 수 있기 때문이다. 이런 이유 때문에 CRISPR 기술이 유전자 치료 분야에서 각광을 받고 있다.

CRISPR 유전자 가위 기술이 등장하기 전까지만 해도 유전자 치료 연구자들에게는 유전체 전체 중에서 우리가 고치고 싶은 유전체의 DNA 염기 서열만을 자르는 좋은 가위가 없었다. 이것이 가장 큰 한계였다. 또한 유전자 치료를 위한 가위를 유전 정보를 고치고자 하는 인체의 세포에 넣어서 발현시키기 위해서는 독성을 제거한 각종 바이러스를 유전자 가위 전달 매개체로 사용해야 했는데, 우리 몸의 면역 체계가 바이러스를 공격해 치료 성공률이 떨어지는 것은 물론, 바이러스가 돌연변이를 일으켜 환자가 사망에 이르는 등 다양한 문제점들이 발생했다.

이렇듯 기존의 유전자 치료법이 가진 한계 때문에, 유전체 내에서 자르고자 하는 부분에 대한 특이성이 높고, 꼭 유전자를 직접 세포에 넣어 주지 않아도 CRISPR 부분에 해당하는 RNA와 정제된 Cas9 단백질만 넣어 주면 작동시킬 수 있는 CRISPR-Cas9 기술은 기존의 유전자 치료의 기술적 한계를 해결해 줄 수 있는 열쇠로 주목받았다. 현재는 CRISPR가 갖는 이런 장점들에 더해 유전자 치료법이 가진 엄청난 경제적 잠재력에 주목한 다양한 벤처 기업들이 설립되어 CRISPR를 유전자 치료법으로 상용화하기 위한 연구를 진행하고 있다.

미국 벤처 업체인 샌가모 바이오사이언스(Sangamo Bioscience)는 예전부터 유전병으로 잘 알려져 있는 혈우병을 치료하기 위해 혈우병을 유발하는 유전자를 그대로 둔 채 정상적으로 혈액을 응고시키는 단백질의 유전자를 골수 세포에 삽입하는 연구가 원숭이 모형에서 성공적으로 수행되었다고 2015년 10월 전미 과학 공학 및 의학 한림원(U. S. Natioanl Academies of Sciences, Engineering and Medicine) 회의에서 발표했다. FDA의 승인을 얻는다면 곧 혈우병 환자를 대상으로 혈우병 유발 유전자는 그대로 둔 채 정상적으로 혈액을 응고시키는 단백질의 유전자를 골수 세포에 삽입하는 임상 시험을 진행할 것이라고도 밝혔다.[1] 2017년 샌가모 바이오사이언스는 회사의 홈페이지를 통해 심각한 혈우병 환자에 대한 임상 시험을 진행하고 있다고 발표했다.[2]

2016년 6월 21일, NIH 자문 위원회는 최초로 CRISPR-Cas9을 활용해 암 환자를 치료하는 임상 시험에 동의했다. 임상 시험 승인을 요청한 펜실베이니아 대학교의 에드워드 스태드마우어(Edward Stadtmauer) 박사는 골수암 환자를 치료하기 위해 암 환자의 면역 세포인 T 세포에 암세포를 탐지하는 단백질 유전자를 삽입해 직접 암세포를 공격하도록 유도하는 것을 목표로 했다.[3] 미국 펜실베니아 대학교 연구진은 FDA 승인을 받아 같은 해 말 환자 18명을 대상으로 임상 시험에 성공했고 2017년 FDA에 의해 다른 치료법이 없는 백혈병에 처음 사용이 허가되었다. 이 CRISPR 유전자 가위를 이용해 면역 T 세포를 변형시킨 암 치료법이 이 책에서 여러 번 언급되는 CAR-T다.

CRISPR를 이용한 유전자 치료의 임상 시험을 최초로 승인해 준 국가는 중국이다. 미국의 스태드마우어 박사가 CRISPR를 이용한 골수암 환자 치료를 위해 임상 시험을 신청했다는 발표가 있고 단 몇 달 후 중국에서 세계 최초로 CRISPR를 이용한 환자 유전자 치료가 있었다. 중국 청두에 있는 쓰촨 대학교 화시 병원(華西醫院)의 루유(卢铀) 교수는 CRISPR를 이용한 유전자 치료를 폐암 환자에게 적용했다.[4] 이미 암이 전이 단계에 이른 폐암 환자의 혈액에서 면역 세포들을 추출해 세포의 면역 반응을 방해하는 것으로 알려진 PD-1 단백질의 유전자를 CRISPR로 제거하고, 다시 환자에게 넣어 주었다. 성공 여부는 정확히 공개되지 않았으나 이런 치료를 몇 차례 더 수행할 것이라고 밝혔다.

2023년 11월에는 세계 최초로 영국에서 CRISPR-Cas9을 활용해 유전적 혈액 질환인 겸상적혈구빈혈증(sickle cell anemia)와 베타-지중해성빈혈(수혈성 β-thalassaemia)을 치료하는 CRISPR 치료제 카스게비(Casgevy)가 승인되었다.[5] 그 이후 2024년 초 미국과 유럽 연합에서도 이 치료제를 승인하거나 조건부 허가했다. 또한 FDA는 2023년 12월 겸상적혈구빈혈증에 대한 또다른 CRISPR 치료제 로보셀(LoVo-cel)을 승인

유전자 교정 시술을 받아
꼬리를 이중 나선 모양으로
바꿔 보았어.

며칠 후

수정란이나 배아 세포 때 적용하지
않는 한 유전자 교정은 한시적이야.
뭐야! 꼬리가
점점 돌아오고
있잖아?
ㅋㅋ

했다.[6] 겸상적혈구빈혈증과 베타-지중해성빈혈은 모두 혈액에서 산소를 운반하는 단백질인 헤모글로빈에 대한 유전자의 돌연변이로 제대로 산소 운반 기능을 수행하지 못하는 헤모글로빈이 생성되어 빈혈 증세가 나타나는 유전 질환이다. 우리 유전체에는 헤모글로빈 단백질을 구성하는 유전자가 여러 종류 존재하고 그중 하나인 베타(β) 유전자의 변이가 그 원인이다. 이 치료제는 기능을 제대로 수행하지 못하는 헤모글로빈 베타 유전자 대신 모체에서 발생하던 태아 때만 사용되고 출생과 더불어 그 발현이 억제되는 또다른 헤모글로빈 유전자 감마(γ)를 인위적으로 발현시켜 베타의 기능을 대체하는 방법으로 증세를 치료하는 전략을 사용한다. 환자 골수에서 직접 조혈모 세포를 채취해 그 유전체에서 태아 출생 후 헤모글로빈 유전자 감마의 발현을 억제하는 인자에 대한 유전자(BCL11A)를 CRISPR-Cas9 유전자 가위를 이용해 제거한 후 다시 이 조혈모 세포를 골수로 주입해 주는 치료법이다. 이 치료법을 겸상적혈구증 환자 45명에 임상 시험했을 때 중간 결과를 얻은 29명 중 28명의 증상이 1년간 완전히 개선되었다고 보고했다. 또 54명의 베타-지중해성빈혈 환자를 대상으로 한 임상 시험에서는 중간 결과가 도출된 42명 중 39명이 최초 1년간 수혈이 필요 없었고 나머지 3명도 수혈 필요성이 많이 감소했다고 한다. 아직까지 심각한 부작용은 보고되지 않았다.[7]

근미래에 다양한 유전 질환에 대한 새로운 CRISPR 치료제가 허가되어도 아마 당분간 이러한 치료제의 가장 큰 문제는 비용이 될 것 같다. 미국 버텍스 파마슈티컬스와 스위스의 크리스퍼 테라퓨틱스가 공동 개발한 카스게비는 1회 투약 비용이 약 220만 달러로 알려졌으니 말이다.

이외에도 CRISPR 기술을 이용해 다양한 인간 질환을 치료하기 위한 치료제 개발에 현재 전 세계 연구진이 앞다투어 임상 시험에 돌입해 있다. 그러나 CRISPR를 이용해 시도되고 있는 유전자 치료는 모두 성체를 대상으로 하는 세포 치료(cell therapy)로, 문제의 원인이 되는 세포나 치료하는 기능의 세포를 인체 밖으로 꺼내서 CRISPR 기술을 적용해 유전체 정보를 바꾼 후 다시 인체 안으로 넣어 주는 방식이다. 따라서 개체가 가지고 있는 변이 유전자 정보 전체를 교정할 수 없고 효과가 일시적이라는 근본적인 한계를 가지고 있다.

우리는 수정란이라는 하나의 세포로 시작되었지만 성체가 된 우리 몸은 약 100조 개의 세포로 되어 있고 세포 하나하나 부모에게서 받은 유전 정보를 포함하고 있다. 또한 우리 몸의 세포들은 계속 새것으로 바뀌고 있다. 세포들마다 수명이 정해져 있어 특정 시간이 지나면 새 세포로 대체된다. 예를 들어 매주 목욕할 때마다 때를 밀어도 그다음 주에도 때가 밀리는 것은 피부 세포가 계속 새것으로 대체되면서 죽은 세포가 밀려 나오기 때문이다. 또 혈액 내에 있는 적혈구나 면역 세포인 백혈구 같은 세포는 모두 40~60일이 지나면 새것으로 바뀐다. 따라서 세포의 입장에서 보면 오늘의 나는 어제의 내가 아니다.

그러므로 우리가 이미 성체가 된 후에 발병한 특정 세포에 유전자 치료를 적용해도 그 효과는 그 세포가 지속되는 동안에만 한시적으로 나타난다. 따라서 유전자 가위 기술을 이용해 세포의 유전체 정보를 바꾸는 유전자 치료는 수정란이나 아주 초기 배아 세포에 적용해야만 영구적이고 효과적인 치료 방법이 될 수 있다. 그러나 인간 배아의 유전체의 정보를 바꾸는 것은 많은 문제를 내포하고 있다. 이제부터는 인간 배아에 CRISPR 유전자 가위 기술을 적용하는 문제에 대해 논의해 보려고 한다.

6부

누구를 위한 기술인가?

18장 인간 배아 유전체 편집의 이해

유전자 가위, 사람에게 쓴다면?

유전자 치료는 인간에게 적용하는 방법에 따라 크게 두 가지로 나누어 볼 수 있다. 첫 번째 경우는 우리 몸에 있는 세포, 즉 개체를 이루고 있는 체세포를 몸에서 분리해 체세포의 유전 정보를 유전자 가위로 교정, 편집한 후 다시 인체 내로 이식하는 방법이다. 대부분의 체세포는 한번 몸 밖으로 분리하면 다시 이식하는 것이 쉽지 않다는 것이 이 방법의 한계다. 따라서 이 방법은 몸에서 비교적 쉽게 분리할 수 있는 혈액에 있는 면역 세포들에 주로 적용되고 있다.

두 번째 방법은 세포를 몸에서 분리하지 않고 DNA를 자르는 CRISPR-Cas9이라는 유전자 가위를 체내 세포에 주입해 유전자 교정과 편집을 수행하는 것이다. 그러나 이 접근법은 현재 유전자 가위를 정확하고 빠르게 원하는 조직 세포까지 전달할 수 있는 방법이 없다는 것이 한계로 작용하고 있다.

또한 이 두 방법 모두 가지고 있는 가장 큰 한계는 우리 몸의 조직을 이루는 세포들은 생명이 유지되는 한 계속 새로운 세포로 교체되고 있기 때문에 체내 특정 조직 세포의 유전체를 교정한다고 해도 유전자 교정 처리가 된 세포가 계속 유지되지 않는다는 것이다. 따라서 변이된 유전자에 대한 유전자 치료를 살아 있는 동안 계속 반복해 줘야 하는 문제점이 있다.

일단 태어난 후에 유전자 치료를 적용하는 것은 대부분 한시적이라는 한계를 갖는다. 그러나 세포 1개로 이루어진 수정란이나 세포가 몇 개 되지 않는 아주 초기의 배아에 유전자 치료를 적용할 수 있으면 유전자 결함이 교정된 배아로부터 몸을 이루는 세포 전체의 유전체 정보가 교정된 개체가 발생한다. 이런 이유로 인간 배아에 유전자 가위 기술을 적용해 유전체를 교정하거나 편집하고자 하는 시도는 매우 유혹적일 수 있다.

2013년부터 다양한 동물과 식물의 수정란이나 초기 배아에 CRISPR 유전자 가위 기술이 성공적으로 적용되어 유전체가 편집된 개체가 만들어졌고, 윤리적인 이유로 드러내 놓고 말하지는 못해도 이 기술을 인간 배아에 적용할 수도 있을 것이라고 생각하는 과학자들도 생기기 시작했다.

2015년 4월, 중국 중산 대학교 황쥔주(黃軍就) 교수 연구진은 CRISPR 유전자 가위 기술을 이용해 인간 배아의 유전자를 편집했다는 연구 결과를 발표했다.[1] 이 연구에서는 불임 클리닉에서 제공받은

살아 있는 동안 계속 유전자 치료를 할 수는 없어!
배아 세포에 유전자 편집을 적용해야 해.

배아 유전체를 마음대로 교정하다니
그러면 안 돼!

인공 수정 후 '폐기된' 인간 배아를 대상으로 베타-지중해성빈혈에 관여하는 혈액 단백질 중 하나인 헤모글로빈-베타 유전자를 편집하는 실험을 진행했다.

이 실험은 86개의 배아에서 수행되었으며 그중 54개의 배아가 생존했고, 4개의 배아에서만 표적 유전자 변이가 일어난 것을 확인할 수 있었다. 또한 최종적으로는 '극히 일부'의 배아에서만 원하던 형태의 유전자 편집에 성공했다고 한다. 하지만 유전자 편집 여부를 확인하는 과정에서 전체 유전자가 아닌 단백질로 전환되는 부분의 변이 여부만을 판정했고 '극히 일부' 배아의 진정한 성공 여부도 판별하기 어려운 허술한 실험 내용이었다. 황쥔주 교수도 낮은 성공률과 문제점을 인정하며, 인간 배아에 CRISPR 기술을 적용하는 것은 시기상조라고 생각해 연구를 중단했다고 이야기했다.

그러나 인간 배아에 CRISPR 유전자 가위 기술을 최초로 적용한 황쥔주 교수의 연구는 발표 후 과학계에 많은 논란을 불러일으켰다. 과학자들은 찬성과 반대 두 진영으로 양분되었다. 하버드 대학교 의과 대학의 조지 처치를 비롯해 배아 연구를 찬성하는 쪽에서는 인간 배아 유전자 편집을 통해 인간에게 의미 있는 유용한 과학적 성과를 얻을 수 있으며, 정해진 가이드라인을 따른다면 문제될 것이 없다는 입장을 보였다. 그러나 CRISPR를 일반적인 유전자 가위로 개발할 수 있는 가능성을 최초로 보여 준 CRISPR 분야의 선구자 미국 캘리포니아 주립 대학교 버클리 캠퍼스의 다우드나를 비롯한 17명의 과학자들은 인간 배아의 유전자 변형을 시도하는 연구에 반대하며 이를 당장 중단해야 한다고 강력히 주장했다. 찬성하는 쪽은 중단시킬 경우 배아 연구가 음성적으로 행해질 수도 있어 더 위험할 수 있다고 반박했다. 아직도 과학계의 의견이 통일되지 못한 채 논란이 격해지고 있는 상황이나, 이런 와중에도 연구는 계속되고 있다.

세계적으로 큰 충격을 준 황쥔주 박사의 발표가 있고 1년 뒤인 2016년 4월, 중국 광저우 대학교 의과 대학의 판용(范勇) 박사는 또 다른 인간 배아의 유전자 편집 연구를 발표했다.[2] 판용 박사는 2014년 4월과 9월 사이에 시험관 아기 시술 과정에서 도태된 213개의 인간 난자를 기증받아 CRISPR 유전자 가위 기술을 이용해 CCR5 유전자의 돌연변이를 유도하는 실험을 진행했다.[3] CCR5는 에이즈를 일으키는 HIV가 숙주인 인간의 T 세포를 감염시키기 위해 이용하는, 세포의 표면에 있는 단백질을 만드는 정보를 제공한다. 따라서 CCR5 유전자에 돌연변이를 유도해 CCR5 유전자를 불능화하는 편집을 하면 HIV가 T 세포에 침입하지 못하게 되어 에이즈에 대한 내성을 지니게 된다.

판용 박사의 연구에 대해 회의적인 시각을 보이는 과학자들도 있는데, 보스턴 소아 병원의 조지 데일리(George Daley) 박사는 "HIV에 대한 내성을 가지기 위해서는 아버지와 어머니에게 각각 하나씩 받은 한 쌍의 CCR5 유전자 모두에 돌연변이를 일으켜야 이런 효과를 기대할 수 있는데 판용 박사의 실험은 한쪽의 유전자만 편집했기 때문에 그런 효과를 기대하기 어렵다. 단지 CRISPR 기술을 인간 유전자에 적용할 수 있다는 사실을 재확인한 것뿐"이라고 논평했다.[4] 그러나 이 기술이 성공한다면 에이즈 환자가 임신했을 때 에이즈가 태아에게 그

대로 전해지는 문제를 해결할 수 있는 방법을 제시할 수 있다.

놀라운 것은 두 연구 모두 인간 배아를 사용한 연구였고 단 1년의 시차가 있었을 뿐인데 판용 박사의 연구는 2015년 황쥔주 박사의 연구만큼 큰 논란과 파장을 불러일으키지는 못했다는 것이다. 아마도 1년 사이에 진행된 다양한 논의들을 통해 '생식 목적이 아닌 인간 배아의 조작 연구'에 대한 세계적 공감대가 형성되었기 때문이 아닌가 하는 생각이 든다. 실제로 인간 배아에 CRISPR를 적용해 진행된 두 실험 사이 1년간 중국, 스웨덴, 영국 세 나라가 인간 배아에서의 유전자 교정을 허가했다.[5]

19장에서는 인간 배아의 유전자 교정에 대한 여러 나라의 반응과 이 기술을 인간 배아에 적용하는 것의 한계점에 대해 논의해 보고자 한다.

19장 인간 배아 유전체 편집이 불러온 논쟁

중국의 유전자 가위 연구, 충격과 한계

CRISPR 유전자 가위 기술을 이용해 인간 배아를 대상으로 한 최초의 유전자 편집을 시도했던 중국 중산 대학교 황쥔주 교수 연구진의 연구 결과가 2015년 4월 발표되자 전 세계 과학계가 술렁거렸다. 곧 전 세계 학계는 윤리적 문제를 놓고 찬반 논쟁에 휩싸이게 되었다. 이런 찬반 논쟁 속에서 개인이 아닌 집단으로 가장 먼저 반응을 한 것은 영국의 과학자들이었다. 2015년 9월 2일, 영국 의학 연구 위원회를 비롯한 다섯 연구 단체는 "법적으로 정당한 경우, CRISPR 유전자 가위를 이용한 인간 배아 편집은 가능하다."라는 성명서를 발표했다.

그로부터 며칠 후인 9월 8일, 영국 프랜시스 크릭 연구소의 캐시 니아칸(Kathy Niakan) 박사는 인간 배아의 초기 발생 과정에 대한 정보를 얻기 위해 CRISPR 유전자 가위를 이용하는 인간 배아 유전자 편집 실험에 대한 승인을 영국 정부에 요청했다. 과학자들은 "이미 인간 배아를 파괴하는 많은 실험들이 진행되고 있는데, CRISPR 기술을 사용한다고 해서 승인하지 않을 이유는 없다."라며 실험에 대한 승인을 지지했다. 결국 2016년 2월, 영국 보건부 산하 인간 생식 배아 관리국(Human Fertilization and Embryology Authority, HFEA)은 니아칸 박사의 연구를 승인했다.[1]

니아칸 박사의 연구 승인 요청과 이에 대한 영국 정부의 승인 배경에는 인간 배아를 이용하는 연구에 대한 '힝스턴 그룹(Hinxton Group)'의 입장이 큰 영향을 미쳤다는 해석이 많다. 힝스턴 그룹은 미국 존스 홉킨스 대학교 생명 윤리 연구소 '줄기 세포 정책과 윤리 프로그램(Stem Cell Policy and Ethic Program)'의 구성원들이 주축이 되어 인간 배아와 줄기 세포를 대상으로 한 연구 규제와 윤리 문제에 대해 논의하는 그룹으로 2004년 영국 힝스턴에서 처음 모였던 국제적이고 다학제적인 위원회에서 시작되었다. 그 후 여기에 참여했던 다양한 학문적 배경의 영미 학자들은 힝스턴 그룹으로 불리며 정기적인 모임을 개최해 왔고 인간 배아와 줄기 세포 연구, 유전자의 지적 소유권과 같은 다양한 생명 윤리 문제에 대해 의견과 방향을 제시하고 있다.

2015년 9월 3일, 8개국에서 모인 힝스턴 그룹 회원 22명은 유전자 가위 기술을 인간 배아에 적용하는 문제에 대해 "유전자 편집 기술을 생식 분야에 적용하는 것은 시기상조이지만, 인간 배아를 이용한 실험실 연구를 통해 안전성과 유효성을 평가할 필요가 있다."라는 내용의 성명서를 만장일치로 채택했다.[2] 이들은 시험관 아기 등 생식 목적의 인간 배아를 대상으로 유전자를 편집하는 문제에 대해서는 의견의 일치를 보이지 않았지만, "정당한 이유 없이 과학 연구를 제한해서는 안 된다."라는 확고한 입장을 취했다.

이런 가운데 2015년 12월 워싱턴에서 국제 인간 유전자 편집 회의(International Summit on Human Gene Editing)가 열렸다. CRISPR 연구의 첨단에 서서 연구를 진행 중인 과학자들이 대거 참석한 이 회의에서도 인간 배아 편집 연구에 대해 호의적인 분위기는 그대로 유지되었다. 이 회의는 미국 국립 과학원, 미국 국립 의학 아카데미, 영국 왕립 과학 협회, 중국 과학 아카데미가 공동으로 주최했고 20개국 500여 명의 과학자가 참석했으며 우리나라에서도 서울 대학교 김진수 교수가 참석했다. 이 회의에서 "생식을 목적으로 하는 인간 배아의 조작 연구는 자제하는 것이 좋지만, 유전자 교정 연구를 당장 중단하지는 말자."라는 합의안이 도출되었다.[3]

CRISPR 유전자 가위 기술을 인체에 응용하는 연구의 선구자로 인간 배아의 유전자 교정에 찬성하는 대표적인 과학자인 하버드 대학교 의과 대학의 처치 교수는 이 회의에서 "설사 일부 과학자들이 배아의 유전체 교정을 삼가는 데 동의하고, 일부 국가에서 배아 교정을 금지하더라도 누군가는 연구를 계속할 것이다. 어쩌면 우리는 배아에 대한 유전자 교정 연구를 금지함으로써 최악의 시나리오에 빌미를 제공하는지 모른다."라는 입장을 내보이기도 했다.[4] 즉 공식적으로 인간 배아 유전자 교정 연구를 허가하고 인정하는 것이 이를 금지해서 밀실에서 이런 실험이 진행되게 하는 것보다 훨씬 안전하다는 주장이다.

이러한 경향은 황쥔주 박사의 연구 발표가 있고 1년 뒤인 2016년 4월 중국 광저우 의과 대학의 판용 박사가 인간 배아에서 HIV 감염을 억제할 수 있는 CCR5 유전자 편집에 대한 연구를 발표했을 때 학계와 사회가 보인 반응에서도 확인할 수 있다. 세계는 판용 박사의 발표에 대해 황 박사의 발표 때만큼의 충격적 반응을 보이지 않았다. 오히려 에든버러 대학교의 생명 윤리학자 사라 챈(Sarah Chan)은 "나는 중국의 과학자들이 한 일에 잘못이 있다고 생각하지 않는다. 그들은 유전적으로 변형된 GMO 인간을 만들려는 것이 아니다."라는 평을 내놓기도 했다.[5] 1년 만에 '생식 목적이 아닌 인간 배아의 조작 연구'에 대한 공감대가 형성된 것이다. 2015년 6월 스웨덴도 CRISPR 유전자 가위를 이용한 인간 배아 유전자 편집을 승인했다고 발표했다.[6] 스톡홀름 카롤린스카 연구소(Karolinska Institute)에서 초기 인간 발생 과정을 연구하고 있는 줄기 세포 연구자인 프레드릭 래너(Fredrik Lanner) 박사의 인간 배아 유전자 교정을 허가한 것이다.

현재까지의 인간 배아에 CRISPR 기술을 적용해 유전자를 교정하거나 편집하는 실험의 결과는 이 기술의 몇 가지 한계점을 보여주고 있다. 가장 큰 문제는 인간 배아에 이 기술을 적용했을 때 원하는 대로 유전자가 교정되거나 편집되는 효율이 상대적으로 매우 낮다는 것이다. 예로 황쥔주 교수의 연구에서는 86개의 배아 중 4개의 배아에서만 표적 유전자 변이가 일어난 것을 확인할 수 있었으며, 이것도 전체 유전자가 아닌 엑손(exon)이라고 부르는 유전자 중 단백질로 발현되는 부분의 변이 여부만을 조사한 것이라 실제 성공 확률을 정확히 판단하기 어렵다. 1년 후 진행된 판용 박사의 실험에서도 26개의 인간 배아 중 4개에서만 유전자가 성공적으로 변형된 것이 확인되었다고 한다.

또한 임의의 유전자에 원하지 않는 변이가 생길 가능성이 매우 높은 것도 중요한 기술적 장애이다. 이를 보통 **표적 이탈 효과**(off-the-target effect)라고 부른다. 앞으로 CRISPR 유전자 가위 기술을 인간에 적용하기 위해서는 표적 유전자에 정확하게 변이를 일으킬 수 있는 효율을 증대시키고 유전체의 원하지 않는 부분에 무작위로 변이가 생성되는 것을 막는 이 두 가지 기술적 극복이 가장 중요한 관건이 될 것이다.

20장 인간 배아 유전체 편집의 한계

유전병 없는 아기 얻으려 유전자 교정? 위험한 시도!

인간의 유전 정보인 유전체 전체를 처음 읽었을 때 가장 놀라웠던 사실은 유전자의 개수가 예상외로 적다는 것이었다. 인간이 복잡한 생명체이기에 과학자들은 인간 유전자의 수가 다른 생명체에 비해 훨씬 많을 것으로 기대했으나 그 수는 많아야 2만 5000개 정도로 밝혀졌다. 맥주나 빵을 만들 때 넣는 이스트(yeast, 효모)라는 단세포 생명체의 유전자가 6,200개 정도이고, 지렁이의 유전자가 2만 개 정도임을 상기해 보면 정말 턱없이 적은 유전자 개수이다.

그런데 유전체 전체의 크기를 비교해 보면 사람의 유전체 내 DNA 염기 서열의 양은 이스트의 220배, 지렁이의 30배 이상 많다. 이 사실은 무엇을 의미하는가? 인간은 전체 유전자의 수는 상대적으로 많지 않지만 그 유전자를 사용하는 스위치가 매우 복잡한 생명체라는 것을 추측할 수 있다. 실제 과학 연구 결과들도 인간의 유전체에서 유전자가 차지하는 정보는 1퍼센트 내외이지만 이 1퍼센트의 유전자를 조절하기 위한 스위치가 전체 정보의 80퍼센트 이상임을 밝혀냈다.

우리 주변의 소나 개처럼 우리와 친숙한 다른 척추동물들도 유전체의 크기에 비해 유전자 수가 적다. 따라서 1개의 유전자가 한 가지의 생체 기능만을 수행하는 것이 아니라 생명체의 발생 단계와 발현되는 장기나 세포의 종류에 따라, 또 외부의 다양한 자극에 따라 여러 기능을 수행한다는 것이 알려지고 있다.

1개의 유전자가 여러 가지 형질의 발현에 작용하는 유전자의 **다면 발현 현상**(pleiotropy)은 이미 오래전부터 잘 알려져 왔다. 지난 반세기 동안 분자 생물학의 발전으로 많은 유전자 각각의 기능이 규명되어 왔지만, 기능이 알려진 대부분의 경우 가장 명백한 기능 말고는 잘 모르는 게 현실이다. 그 유전자가 주된 기능 말고 다른 어떤 생리 현상들에 관여하는지에 관한 정보는 아직 축적되어 있지 않다.

이렇게 장황하게 유전체와 유전자의 수, 그리고 유전자의 다면 발현 현상에 대해 설명하는 이유는, 우리가 인간을 비롯한 복잡한 생명체에서 CRISPR라는 방법을 이용해 특정 유전자를 편집하는 것의 효과를 현재 수준의 생명 과학으로는 정확하게 예측하기 어렵다는 이야기를 하고 싶어서다. 따라서 CRISPR 기술을 이용해 모형 생명체에서 특정 유전자를 하나씩 제거하며 어떤 생리적 변화가 나타나는지 관찰하는 방법으로 유전자의 기능을 규명하는 기초 연구는 꼭 필요하고 가치가 있다.

그러나 우리가 지금 알고 있는 유전자의 정보를 기초로 특정 유전자를 없애거나 바꿔치기해서 실용성을 높인 개체를 만드는 것은 예측할 수 없는 위험한 결과를 초래할 가능성이 높다. 현재 CRISPR 기술이 성공적으로 적용되어 만들어졌다는 '광우병 내성 소'나 '근육 강화 돼지'의 경우도 특정 유전자를 제거한 개체를 만드는 데 성공했다는 것이지, 이들의 수명, 노화, 질병, 정상적인 자손의 생산, 그리고 이들이 느끼는 신체적 고통에 대해서는 아직 아무런 정보도 보고되지 않았다. 이런 상황에서 인간의 배아 유전체에 CRISPR 기술을 적용하고자 하는 시도는 시기상조이다.

우리는 모두 부모의 난자와 정자가 만나 만들어진 수정란이라는 하나의 세포에서 시작된 생명체이다. 수정란은 발생 과정에서 그 세포의 수를 늘리고 기능을 다양하게 분화시켜 생명체를 만든다. 이렇게 만들어진 생명체가 태어나면 세포의 수는 수십조 개가 된다. 우리의 몸이 성장하는 것은 유전 정보를 갖고 있는 우리 몸의 이 많은 세포들이 계속 그 수를 늘리기에 가능하다.

또 다 자란 후에도 특정 주기를 두고 기존 세포는 새 세포로 계속 교체되고 있다. 따라서 우리가 이미 개체로 태어난 후 부모에게서 받은 정보인 유전체를 교정하거나 편집하는 것은 매우 비효율적이고, 몸에서 분리한 후 다시 넣어 줄 수 있는 혈액이나 골수에 있는 몇몇 세포를 제외하고는 가능하지도 않다.

그래서 소, 쥐, 돼지 등의 동물을 대상으로 특정 유전자를 편집할 때는 주로 수정란이나 초기 배아에 CRISPR 유전자 가위 기술을 적용했다. 이렇게 해야 전체 세포의 유전체 정보가 의도한 대로 바뀐 개체를 얻을 수 있기 때문이다. 이런 이유로 여러 윤리적 우려 속에서도 인간 배아에 CRISPR 기술을 적용해 유전체를 편집하고자 하는 논의가 계속되고 있다.

단 하나의 유전자가 잘못되어 유전병이 발생하는 경우는 알려진 것만 해도 700가지 이상이다. 이런 유전병 치료를 근거로 수정란의 유전체에서 잘못된 유전자를 CRISPR 기술로 교정하는 유전자 치료가 지지를 얻고 있다. 과학자들도 인간 배아에 CRISPR 기술을 적용해야 하는 근거로 이것을 들고 있다. 인간 수정란에 유전자 교정과 편집 기술을 적용한다면 물론 이 수정란에서 태어날 아기는 시험관 아기로 태어날 수밖에 없다. 그러나 우리는 유전병이 없는 아기를 얻기 위한 선택지가 꼭 유전자 교정뿐인지 반드시 생각해 봐야 한다.

앞에서 설명했듯이 유전병에는 열성과 우성이 있다. 열성이면 부모가 모두 유전병을 일으킬 수 있는 변이 유전자를 가지고 있어야만 자식이 유전병에 걸린다. 이 확률은 4분의 1이다. 유전병이 우성이면 한쪽 부모만 변이 유전자를 갖고 있어도 자식은 유전병에 걸린다. 이때 확률은 2분의 1이다. 따라서 가계(家係)에 유전병이 있는데 유전병이 없는 정상 아이를 낳고자 한다면 시험관 체외 수정으로 수정을 한 후 배아의 유전 정보를 검사해 정상적인 유전자를 갖는 배아만 착상시켜 아이를 낳는 것이 얼마든지 가능하다. 이미 임상에서 검증되고 또 시행되고 있는 방법이며 비용도 많이 들지 않는다.

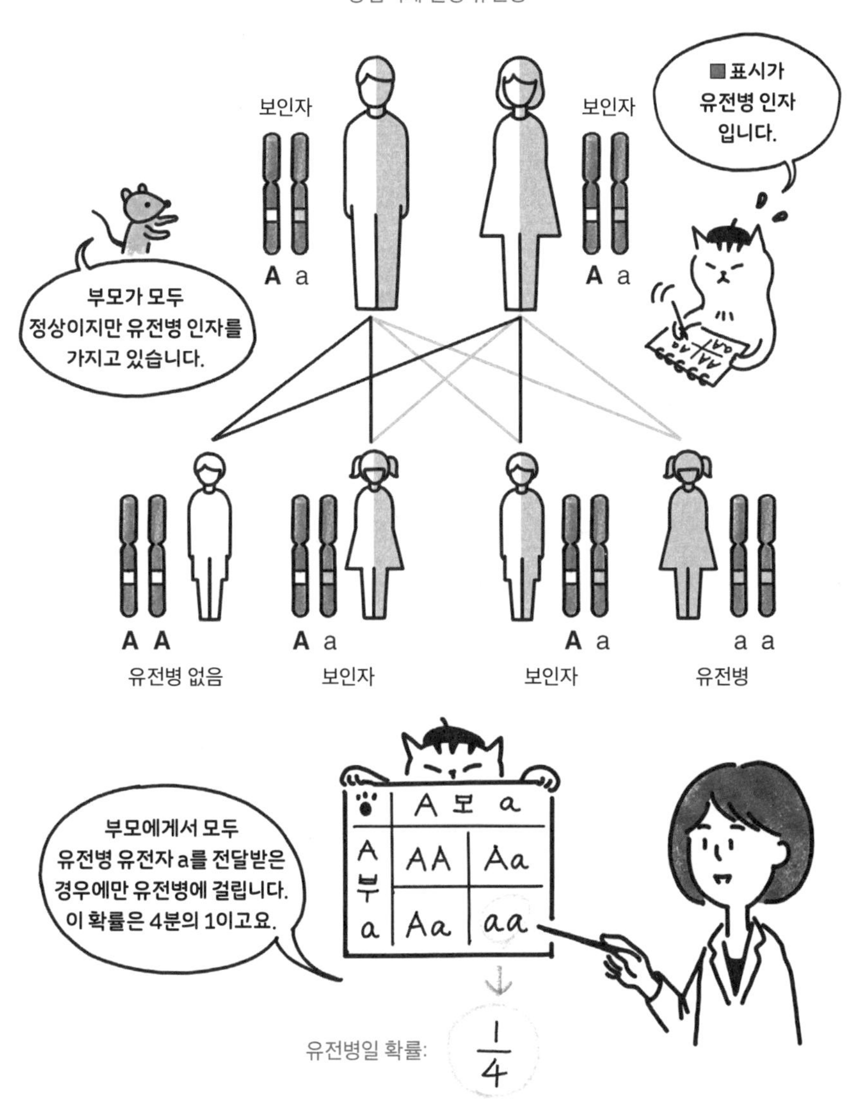

그림 20.1 부모가 상염색체 열성 유전병의 보인자일 경우 자녀의 유전병 발생 확률.

아직 인간과 같은 복잡한 생물의 유전체가 과학적으로 어떻게 작동하며 유전자들이 어떤 여러 가지 기능을 수행하는지 충분히 이해하고 있지 못한 상황에서 CRISPR 가위를 적용한 유전자 교정은 우리가 예상치 못한 위험성을 야기할 가능성이 높다. 그 한 가지 예가 앞서 여러 차례 예로 든 HIV 바이러스 감염의 수용체인 CCR5이다. CCR5를 없애면 HIV에는 감염되지 않지만 또 다른 치명적인 바이러스인 웨스트 나일(West Nile) 바이러스에 훨씬 잘 감염된다.[1] 과학자들 사이에 논란이 되고 있는 또 다른 예는 알츠하이머와 심장 질환을 일으키는 APOE 유전자의 한 형태인 e4이다.[2] e4는 나이 들어서는 질환을 일으키지만 젊을 때에는 기억력 발달에 매우 중요한 역할을 한다.

이처럼 우리의 유전자는 발생부터 탄생, 성장, 노화 과정에서 매우 다양한 기능을 나타낸다. 그러나 현재 하나의 유전자가 가지는 여러 기능에 대한 지식은 매우 한정적이다. 또 한 유전자의 DNA 변이가 어떤 문제를 일으킬 수 있는가에 대한 지식도 일천하다. 이런 상황을 염두에 둔다면, 윤리적 이유를 떠나서도 유전병 치료를 위해 인간 배아의 유전체에 인간이 손을 대는 행위를 논의하는 것은 정당화되기 어렵다고 생각한다.

21장 인간 배아 유전체 편집의 현황

'맞춤 아기' 가능성, 윤리 논란 부른다

18장에서 중국 과학자들이 CRISPR 유전자 교정, 편집 기술을 인간 배아에 적용한 경우에 대해 설명했다. 그러나 그때 사용된 인간 배아는 염색체에 문제가 있어 착상할 수 없는 비정상적인 배아였다. 그 실험은 단지 CRISPR 기술이 인간 배아에서 작동하는지를 확인하는 실험이었다.

이런 시도들을 보면서 유전병이 없는 아기를 얻기 위한 선택지가 꼭 CRISPR를 통한 유전자 교정이어야 하는지 반드시 생각해 보아야 한다고 이야기했다. 현재의 기술로 큰 비용을 들이지 않고도 시험관 체외 수정을 하고 착상 전 초기 배아의 유전 정보를 검사해서 유전적으로 이상이 없는 배아를 착상시키는 것이 충분히 가능하기 때문이다. 인간에게 남겨진 마지막 판도라의 상자라고 할 수 있는, 인간이 인간의 유전 정보에 손을 대기 시작하는 것은 피하고 싶다는 것이 내 개인적인 생각이었다.

그러나 2017년 판도라의 상자는 열렸고 이런 논의 자체가 큰 의미가 없어졌다. 이제 인류는 자체의 유전체를 임의로 교정할 수 있는 능력을 갖춘 새로운 장으로 넘어가고 있는 것 같다. 착상되면 인간으로 발생할 수 있는 정상 배아에 CRISPR-Cas9 유전자 가위를 적용해 특정 유전자 교정에 성공했다는 논문이 2017년 8월 3일 《네이처》에 보도되었기 때문이다.[1] 우리 후손들은 이날을 마지막 판도라의 상자가 열린 날로 역사에 기록할지도 모른다. 이 연구는 미국 오리건 보건 과학 대학교의 슈크라트 미탈리포프(Shoukhrat Mitalipov) 교수 연구진과 서울 대학교 김진수 교수 연구진의 공동 연구로 진행되었다. 따라서 우리나라는 인간 배아의 유전 정보를 교정할 수 있는 기술력을 이미 확보했다고도 볼 수 있겠다.

이 연구는 심장 근육 단백질 중 하나에 관한 정보를 갖고 있는 MYBPC3라는 유전자에 변이가 있어 염기 4개(GAGT)가 사라진 정자와 정상 난자를 인공 수정시키는 것이었다. 이때 CRISPR-Cas9 시스템을 함께 넣어 주었다. 그 결과 난자가 가지고 있던 정상적인 MYBPC3 유전자를 주형으로 해서 정자의 MYBPC3 유전자가 수정되었고, 부모에게서 받은 배아의 MYBPC3 유전자가 모두 정상적인 유전자로 교정되었다.

MYBPC3 유전자에 변이가 일어나면 심장 근육이 비대해져 심실벽이 두꺼워지는 심근증이 나타나는 유전성 심장 질환을 앓게 된다. 운동 선수처럼 심장 근육을 많이 사용하는 젊은이들의 돌연사를 유발하는 중요 요인으로 알려져 있어 이 유전자 변이를 가지고 있는 경우는 평생 무리한 운동을 자제해야 한다고 한다. 이 유전 질환은 부모 중 한쪽에서만 변이 유전자를 물려받아도 증세가 나타나는 우성 유전 질환으로 부모 중 한 명이 환자라면 50퍼센트의 확률로 자녀에게 유전되며, 미국에서는 500명당 1명꼴로 나타나는 빈도 높은 유전병이다.

이 연구는 기술적 측면에서 몇 가지 진보를 보여 주었다. 우선 CRISPR-Cas9을 이용해 동물의 유전체를 교정하던 기존 연구들은 유전체를 교정할 때 이미 수정된 수정란에 CRISPR-Cas9을 넣어 주었다. 그사이 수정란이 분열하면 전체 배아 중 어떤 세포는 의도한 대로 유전체의 유전자 교정이 되고 또 다른 세포는 교정이 되지 않아 배아가 두 종류의 다른 유전체를 갖는 상태로 발생하게 된다. 결과적으로 이런 배아가 발생 과정을 거치면 교정된 세포와 교정되지 않은 세포가 섞여 있는 모자이크적인 개체가 만들어질 수 있었다.

이 연구는 이런 위험을 줄이기 위해 정자를 난자에 삽입하는 수정이 일어나기 전 단계에서 CRISPR-Cas9 시스템을 같이 넣어 교정되지 않은 유전체를 가진 세포가 생기는 것을 원천적으로 차단했다. 또 CRISPR-Cas9 모두를 유전자 형태로 난자에 넣지 않고, Cas9의 절단 기능이 곧바로 발휘되어 들어가자마자 유전자 가위로 기능할 수 있도록 정제된 단백질 형태로 넣어 주었다. 이렇게 기능이 활성화된 단백질은 수명이 짧기 때문에 초기 수정란에서만 짧게 유전자 가

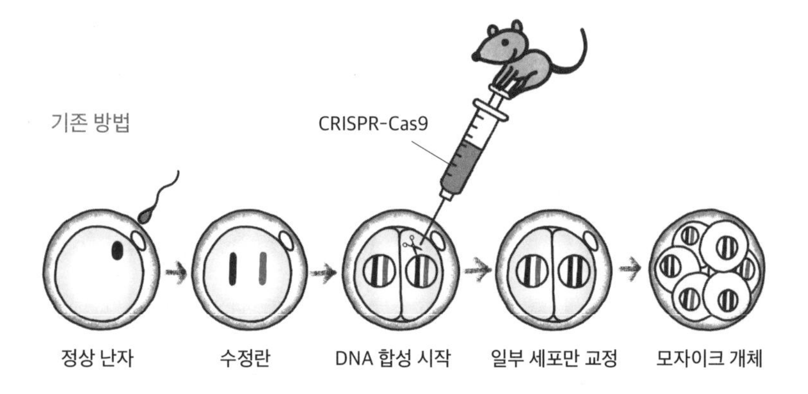

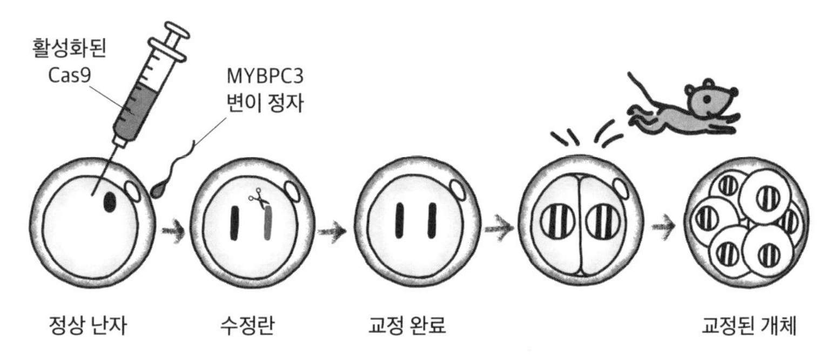

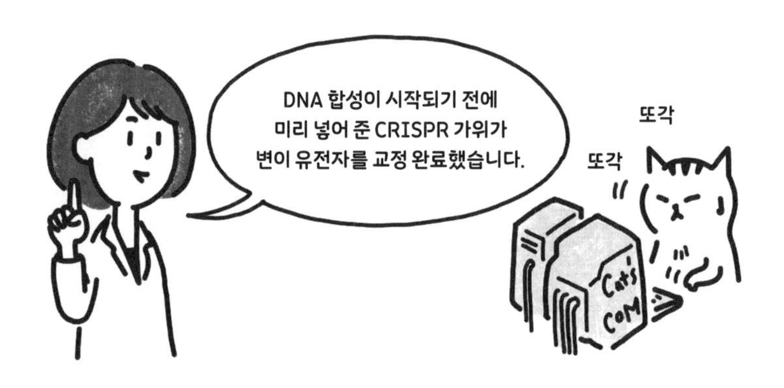

그림 21.1 미탈리포프, 김진수 연구진의 인간 수정란 유전자 교정 방법.

위로서 작동하고 그 후에는 작동하지 않게 된다. 이것은 여분의 유전자 편집 작동이 일어나는 것을 차단했다.

또 기존의 연구는 CRISPR-Cas9 유전자 가위 시스템으로 유전자를 교정할 때 유전자 가위와 함께 교정하고자 하는 정상 유전자 염기 서열을 같이 넣어 주형(틀)으로 작용하도록 했으나, 이 연구에서는 난자가 가지고 있는 정상 유전자를 주형으로 사용하도록 하고 정상 유전자의 염기 서열을 따로 넣어 주지 않았다. 그럼에도 CRISPR는 지정된 MYBPC3 변이 유전자 위치를 찾아갔고, Cas9 유전자 가위는 이 부분을 잘랐고, 생체가 가진 DNA 복구 메커니즘은 정상 난자의 MYBPC3 유전자를 주형으로 해서 정자에서 온 변이 부분을 정상적으로 복구해 냈다.

연구진은 이렇게 CRISPR 유전자 가위를 적용한 수정란 각각이 분열해 생긴 배아를 확인한 결과 58개 중 42개(72.4퍼센트)에서 MYBPC3 유전자가 제대로 교정된 것을 확인했고, 이 배아들은 모체에 착상할 수 있는 단계인 '배반포기'까지 정상적으로 발달한다는 사실을 확인했다고 보고했다. 또 보통 유전자 가위 시스템의 문제점으로 지적되는, 유전체 내에서 의도하지 않은 임의의 염기 서열을 자르는 표적 이탈 효과를 확인한 결과 표적 외에 절단된 곳이 없었다고 보고했다. 이러한 결과는 인간의 수정란에서 이상이 있는 유전자 하나를 표적으로 할 경우 기술적으로 정확하게 유전자 가위가 작동할 수 있음을 보여 준다.

인간 배아의 유전자를 정확히 교정할 수 있다면 혈우병, 헌팅

턴병처럼 유전자 1개의 이상으로 발생하는 수많은 유전성 난치 질환을 근원적으로 치료할 수 있는 길이 열리게 된다. 그러나 동시에 인간의 배아의 유전자를 원하는 형질로 편집하는 '맞춤 아기'의 가능성도 함께 열리게 되므로 여러 가지 윤리 문제와 사회적 논란을 야기할 수 있다.

이러한 사회적 논란에도 불구하고 인간 배아를 대상으로 CRISPR-Cas9을 적용하는 연구는 꾸준히 진행되고 있다. 2015년과 2016년에 중국에서 발표된 연구가 있었고 스웨덴과 영국에서는 연구를 목적으로 한 인간 배아 대상 실험을 허용했다. 미국은 애매한 입장을 취하고 있다. 국민의 세금으로 지급되는 연구비를 사용하는 연구는 인간 배아 연구를 금하고 있지만 민간 영역의 연구비로는 인간 배아 연구가 가능하다. 미국의 이번 연구도 민간 영역의 연구비로 진행되었다고 한다. 우리나라는 현행 생명 윤리법에서 인간 배아에 대한 연구를 금하고 있다. 따라서 이번 연구에 참여한 김진수 교수 연구진은 유전자 가위를 제작하고 교정의 정확도를 분석하는 작업을 맡았고, 배아 실험은 현지 규정에 따라 미국 연구진이 진행했다고 밝혔다.

2018년 11월 27일, 홍콩에서 열린 인간 유전체 교정에 관한 2차 국제 정상 회의의 전야제에서 중국 남방 기술 대학의 허젠쿠이(賀建奎) 박사가 CRISPR-Cas9 유전자 가위를 적용한 맞춤 아기를 탄생시켰다고 폭탄 발언을 했다.[2] 에이즈를 일으키는 HIV 바이러스에 감염된 남성과 정상 여성 일곱 쌍 부부의 수정란에서 HIV 수용체로 알려져 있는 CCR5의 유전자를 CRISPR-Cas9 유전자 가위로 교정했고, 교정 후 착상된 배아로부터 쌍둥이 여아가 이미 출생했다고 발표한 것이다. 과학적으로 검증한 결과 이렇게 태어난 루루와 나나의 경우, 미흡하게도 루루에게는 두 CCR5 유전자 중 하나만 적중했고 나나에게는 의도하지 않은 돌연변이가 발생한 것이 확인되었다. 허젠쿠이 박사는 아버지 쪽 HIV 바이러스가 태아에게 전염될 가능성을 차단하기 위해 이런 시도를 했다고 자신의 연구를 정당화했다. 전 세계 과학계는 수정란과 초기 배아에서 유전체를 교정하는 연구는 허용하자는 쪽으로 의견을 모으고 있었지만, 정말 유전체가 교정된 배아를 착상시키는 연구가 진행되고 있는 줄은 모르다가 그야말로 뒤통수를 얻어맞은 꼴이 되었다.

허젠쿠이 박사의 연구가 배아를 포함해 인간을 대상으로 하는 연구의 적법한 절차에 따라 수행되지 않았기에, 전 세계적으로 배아 연구 윤리 문제가 심각하게 제기되었다. 2019년 1월 중국은 연구 윤리를 위반한 허젠쿠이 박사를 엄격히 처벌하겠다고 발표했다. 실제로 그는 3년 징역형을 선고받아 복역했고 출소 후 연구실로 복귀했다고 전해진다. 또한 허젠쿠이 박사에 의해 탄생한 맞춤 아기들은 다행히 큰 문제 없이 잘 자라 5세가 되었다고 한다. 그러나 유전체를 교정한 최초의 맞춤 아기 탄생은 이제 우리가 더는 수정란이나 초기 배아의 유전체를 교정하는 맞춤 아기에 대한 기준을 마련하는 일을 미룰 수 없음을 보여 준다. 아직 전 세계적으로 맞춤 아기에 대한 찬반이 분분하고 통일된 기준은 마련되고 있지 않은 가운데, 2019년 3월 13일 에릭 랜더(Eric Lander)를 비롯한 미국 등 7개국의 과학자들은 다음 세대로 전달될 수 있는 수정란과 초기 배아에서의 유전체 교정, 편집을 유예해야 한다고 선언하고 국제적인 관리 조직을 만들 필요가 있다고 역설하고 있다.[3] 이 선언 후에 WHO는 CRISPR를 인간 배아에 적용하는 실험을 할 때 미리 등록하는 전 세계적 시스템을 제안하기도 했다. 이 사건이 있은 후 2년 이상이 지난 2021년 WHO는 세계 최초로 공공의 건강 증진을 위해 인간 유전체 편집에 대한 새로운 권고 사항을 제시했다. 이 권고문은 모든 국가에서 인간 유전체 편집이 안전하고 효과적이며 윤리적으로 사용될 수 있도록 각 나라마다 시스템 수준의 감독을 개선시키는 것이 필요함을 역설하고 있다.[4]

판도라의 상자가 열리기 전에는 그것을 열어야 할지 말아야 할지에 대한 논의가 필요하다. 나는 다른 선택지가 있는 이상 인간이 인간의 유전체에 손대는 상황으로 가지 않는 것이 인간의 존엄성을 유지하는 데 중요하다고 생각해 왔다. 그러나 이미 상자가 열리고 만 현재 시점에서는 더 이상 인간 배아를 놓고 실험해야 할지 말지를 논의하는 것이 큰 의미가 없을 것 같다. 왜냐하면 과학은 공공재적 성격이 강해 전 세계가 금지하지 않는 이상 개별 국가의 제재는 실효적 의미를 갖기 어렵기 때문이다. 어쩔 수 없이 조만간 우리나라의 생명 윤리법도 인간 배아 연구를 허용하는 쪽으로 개정될 수밖에 없을 것이다. 그러므로 이제 우리는 인간 배아 연구 허용 기준에 대한 진지한 사회적 논의를 시작해야만 하는 시점에 있다고 할 수 있다. 그러나 언제나 그래 왔듯이 사회적 논의가 특별히 이뤄지고 있지 않다. 심지어

종교계조차 아무런 말이 없다. 판도라의 상자가 열렸건만 침묵하고 있는 한국 사회는 이 발견의 의미를 제대로 알고는 있는 것일까?

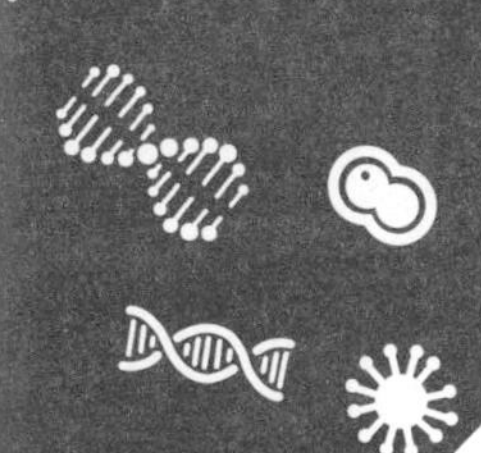

7부

만능 유전자 가위의 불편한 진실

22장 유전자 가위 기술의 수수께끼

CRISPR는 정말 만능 유전자 가위인가?

CRISPR라는 새로운 유전자 가위가 발견됨에 따라 실용성이 매우 낮고 비효율적이었던 기존의 유전자 가위 기술들에 비해 월등히 높은 정밀성과 효율성으로 유전체 편집이 가능해졌다. CRISPR 기술을 응용한 연구는 폭발적으로 증가했고 미생물, 곤충, 동물, 식물, 나아가 인간까지 그 적용 범위를 거침없이 넓혀 가고 있다. 2013년 이후 불과 5년 전후의 기간 동안 CRISPR 기술의 성공 사례 보고는 전 세계 곳곳에서 수없이 터져나오고 있다. 이들은 모두 인간과 인간 기술의 성공 스토리로 보고되고 또 그렇게 읽힌다.

2017년 우리나라의 한 일간지는 생명 공학 회사 셀렉티스(Cellectis)의 CEO 앙드레 쇼리카(André Choulika)가 2016년 10월부터 비정기적으로 사회 유명 인사들을 초청해 CRISPR 유전자 가위로 편집

그림 22.1 유전자 편집된 식재료로 만찬 대접을 한다는 셀렉티스의 CEO 앙드레 쇼리카. ⓒ David Morganti/wiki.

한 식재료만을 사용한 만찬을 대접하고 있다고 보도했다.[1] 쇼리카는 21세기에는 '유전자 가위'로 만들어진 식재료가 주식이 될 것이라고 예측했다. 셀렉티스는 CRISPR 기술은 아직 등장하지 않고 탈렌이라는 유전자 가위 기술만 있던 시기부터 유전자 편집을 이용한 암 치료법 개발을 목적으로 설립된 회사였다. 2018년부터는 CRISPR 기술로 유전체를 편집한 다양한 식물들을 대량 생산할 계획이라고 한다. 이런 식용 식물들을 시장에 내놓기 전 유전자 편집 기술에 대한 대중의 거부감을 극복하는 한 가지 방법으로 CEO 주최 만찬을 선전에 이용하는 것 같다.

그렇다면 여러분은 물을 것이다. 유전자 편집 먹을거리들은 안전한가? 현재로서는 특정 유전자를 잘라 내거나 바꿔치기하는 유전자 편집 식품을 먹어서 해롭다는 근거는 없다. 유전자 편집 식물은 빨리 자라기도 하고 외부 스트레스에 강하기 때문에 경제적일 수 있다. 그렇다고 CRISPR 유전자 가위가 안전하고 오류 없는 '만능 가위'냐 하면 꼭 그렇지만도 않다. 인간이 개발한 기술은 대부분 양면적이며 완벽이란 존재하지 않는다. 유전자 편집의 효율성과 성공 확률이 획기적으로 증대된 CRISPR 기술 또한 기술적 불안정성을 내포하고 있다.

CRISPR 유전자 가위의 가장 중요한 기술적 불안정성은 유전체에서 의도하지 않은 유전자 부위를 절단하는 현상이 자주 관찰된다는 것이다. 앞에서 설명한 표적 이탈 효과다. 표적 이탈 효과가 일으키는 이러한 현상은 CRISPR 기술 개발 초기부터 과학자들이 고민하고 지적했던 문제다. 이런 오류는 이 기술을 적용하는 개체가 아주 많을 때, 그리고 그 오류가 눈에 보이는 문제를 야기하지 않을 때에는 묵인될 수 있다. 즉 일부 개체의 유전체에 이상이 생기면 오류가 발생하는 개체들을 모두 제거한 후 원하는 방식으로 편집된 유전체를 갖는 개체만 골라 이용하면 된다. 오류가 생겨 폐기한 미생물이나 식물들에게 어떤 생리적 변화가 일어나고 어떤 문제가 생기는지는 인간에게 그리 중요한 문제가 아니기 때문이다.

그러나 개체 수가 상대적으로 적어 오류가 있는 생명체가 태어나면 그것이 눈에 확 띄는 생명체에 CRISPR를 적용할 때에는 문제가 달라진다. 2015년 6월 김진수 교수 연구진은 유전자 가위 기술을 이용해 돼지의 유전체에서 마이오제닌 단백질 유전자를 제거해 일반 돼지보다 근육량이 많은 '슈퍼 근육 돼지'를 성공적으로 만들었는데,

이 과정에서 32마리의 태아 중 12마리만이 출생 후 8개월간 생존했고, 그중 단 한 마리만이 건강하게 살았다고 한다.[2]

유전자 편집의 비효율성, 의도하지 않은 유전체 변형과 이로 인한 발생 이상은 인간 배아를 대상으로 한 유전자 편집 실험에서도 비슷하게 나타났다. 물론 과학자들은 이러한 문제를 해결하기 위해 CRISPR 기술에서 절단 기능을 하는 Cas9 대신 유사하지만 특이성이 다른 Cpf1을 사용해 보는 등 다른 가위를 찾고 이런 시도를 통해 표적 이탈 효과를 기술적으로 극복하기 위한 노력을 다각도로 하고 있다.

그러나 표적 이탈 효과는 유전체의 작동 방식에 대한 우리의 이해가 아직 부족하다는 데 그 근본 원인이 있다. 우리는 유전체 해독 기술로 DNA 염기 서열을 읽어 냈고 유전체에서 유전자로 발현되는 부분들에 대한 정보는 가지고 있다. 그러나 유전체가 세포 내에서 3차원적 구조를 어떻게 이루고 있는지조차 잘 모르고 있다. 또 인간의 경우 유전체 중 1퍼센트 미만의 유전자들만이 발현되는데, 이 발현 과정에 나머지 99퍼센트가 어떻게 상호 작용하며 그 메커니즘을 조절하는지 도통 모르고 있다.

또 이런 수수께끼들이 완전히 풀릴지 솔직히 의문이다. 이런 비유로 설명하는 것이 적당한지는 모르겠으나 우리가 어떤 커다란 건물 안에서 일하고 있다고 해 보자. 내 책상 위 형광등이 나가거나 복도 조명이 꺼지면 건물 전체의 전기 배선 시스템이나 그 작동 원리는 몰라도 형광등이나 LED 전구는 갈 수 있다. 우리가 CRISPR 유전자 가위로 유전자 편집을 한다는 것은 이것과 비슷하다. 조명등을 형광

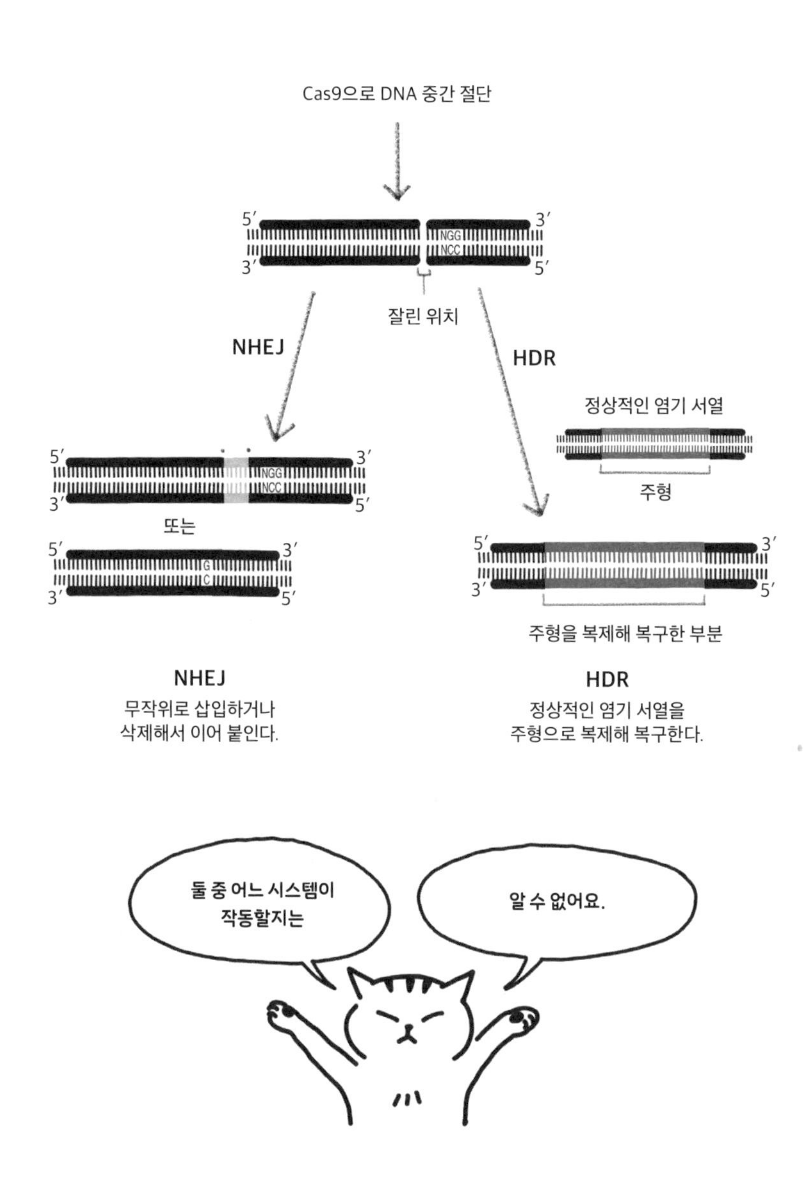

그림 22.2 잘린 유전자 부위를 복구하는 두 가지 시스템, NHEJ와 HDR.

등에서 LED 등으로 교체하는 것과 유사하게 CRISPR 기술로 원하는 유전자를 교체하는 기술을 손에 넣은 것이다. 다만 전등 교체가 건물 전체 전기 흐름과 스위치의 작동에 어떻게 작용할지 이해하지는 못한 채다.

또 다른 문제는 CRISPR 가위로 원하는 유전자 부위를 잘라도 잘린 부분이 언제나 우리가 원하는 방식으로 변하지는 않는다는 것이다. CRISPR 기술은 단지 유전체의 원하는 부분을 자르는 기술일 뿐이다. 유전자 가위로 유전체에서 원하는 유전자를 잘라 내고 다른 유전자로 대체할 때 우리는 그냥 생명체가 원래 가지고 있는 복구 시스템에 의존한다. 이 복구 시스템은 자연이 준 생존 수단이다.

현재 알려진 복구 시스템 두 가지는 NHEJ(non-homologous end joining)와 HDR이다. NHEJ는 잘린 부분을 무작위로 다시 이어 붙이는 방법이고 HDR는 정상적인 유전자 복사본이 존재할 경우 이 염기서열을 주형으로 이용해 정상적인 유전자와 동일하게 잘린 부위를 복구하는 방법이다. 그런데 이 복구 시스템 중 어느 것이 어떻게 작동할지, 즉 우리가 원하는 방향으로 작동할지 아니면 다른 방식으로 또 다른 변이를 만들어 낼지 현재 우리는 전혀 예측할 수 없다. 그냥 시도해 보는 수밖에. 여러 개 해 보면 그중 원하는 방식으로 수정된 것이 나올 수 있고 실제 나오기도 한다. 이것이 CRISPR 기술이 갖는 또 다른 과학적인 한계이다.

23장 다양한 유전자 가위 기술

더 정확한, 더 뛰어난, 더 훌륭한 '가위'를 찾아서

현재 전 세계 생명 과학 실험실에서 유전체 편집에 가장 많이 사용되는 CRISPR 유전자 가위는 CRISPR-Cas9이라는 시스템이다.

여러 번 설명했듯이 CRISPR는 세균의 유전체 내에 있는 회문 구조의 DNA 염기 서열을 일컫는다. 이 CRISPR 염기 서열은 반복되는데 그렇게 반복되는 부분 사이의 염기 서열에 해당하는 DNA를 인식해 자르는 DNA 절단 효소가 Cas9이다. Cas9는 포도상 구균이라는 세균의 CRISPR 시스템이 가지고 있던 DNA 절단 효소 유전자이다. 세균에서 가져온 CRISPR의 반복되는 염기 서열 사이에 바이러스 염기 서열 대신 우리가 자르고 싶은 임의의 DNA 염기 서열을 넣고 Cas9 유전자와 함께 발현시키면, 이 시스템이 유전체 내에서 넣어 준 서열과 일치하는 부분으로 찾아가 Cas9이 이 부분을 자르게 된다. 이렇게 이야기하면 아주 단순해 보인다. 그러나 실제 세포에서 일어나는 상황은 이것보다 훨씬 예민하고 복잡하다.

DNA는 두 가닥의 실이 꼬인 이중 나선이다. Cas9은 이 두 가닥의 실을 그야말로 '싹둑' 자른다. DNA의 한 줄은 더 길게 다른 한 줄은 더 짧게 '어슷하게' 자르는 것이 아니다. DNA를 자르는 것이 목적이라면 싹둑 자르면 어떻고 또 어슷하게 자르면 어떤가 생각할 수 있다. 어차피 DNA를 자르기만 하면 되는 것이 아닐까? 그러나 어떻게 자르느냐에 따라 잘린 유전체 내 DNA 부분의 운명이 달라질 수 있다.

사람의 세포든 세균의 세포든 사실 세포의 입장에서 보면 유전체 DNA의 중간이 잘린다는 것은 엄청난 위협이고 세포의 생존이 달린 문제이다. 그래서 세포는 DNA가 절단되어 손상되면 복구하는 시스템을 가지고 있다. 가장 단순한 복구 방법은 가까이 있는 다른 DNA의 잘린 조각을 가져다 붙이는 것이다. 이 방법은 일단은 끊어진 DNA 부분을 복구할 수는 있으나 아무 DNA나 가져다 끝부분을 붙이는 것이므로 변이를 초래할 가능성이 매우 높다.

손상된 DNA를 복구하는 더 정교한 방법은 세포에 존재하는 절단된 부분과 염기 서열이 유사한 다른 부분을 찾아 그 부분의 DNA 이중 나선을 벌리고 그 염기 서열 정보를 이용해 절단된 부분을 복구하는 것이다. 이 방법은 변이를 야기할 확률이 더 낮고 정확하게 복구될 가능성이 더 높다.

현재 우리는 세포가 어떻게 이 두 가지 복구 방법 중 한 가지

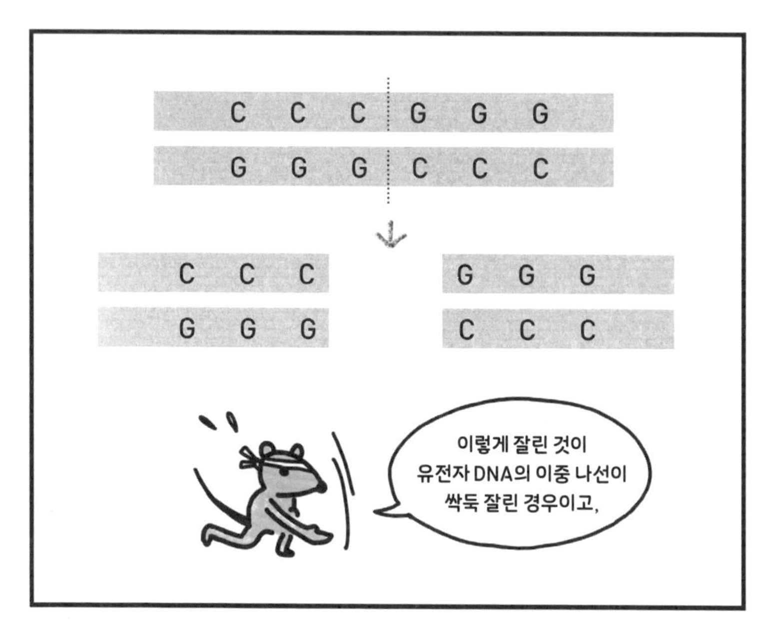
C C C G G G
G G G C C C
C C C
G G G
G G G
C C C
이렇게 잘린 것이
유전자 DNA의 이중 나선이
싹둑 잘린 경우이고,

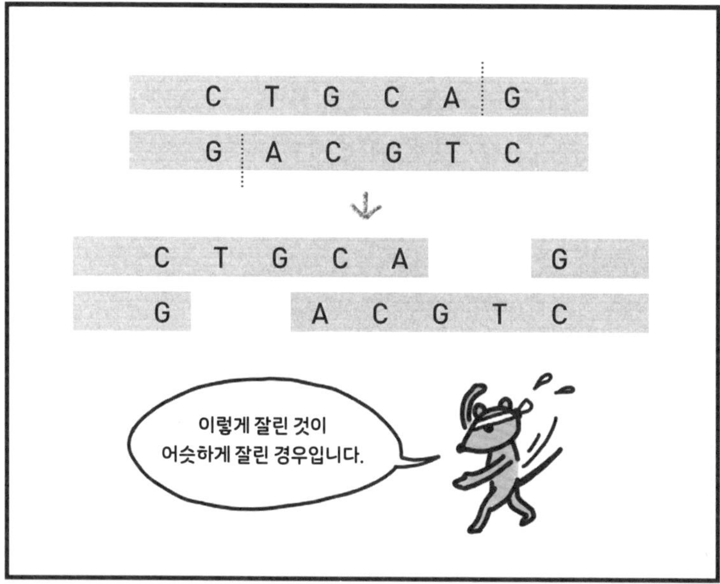
C T G C A G
G A C G T C
C T G C A
G
G
A C G T C
이렇게 잘린 것이
어슷하게 잘린 경우입니다.

를 선택하는지 그 과정을 잘 알지 못한다. 무작위적으로 결정되는 것 같기도 한데 첫 번째 방법이 두 번째 정교한 방법보다는 더 쉽게 그리고 더 자주 선택된다. 또 DNA의 이중 나선이 싹둑 잘린 경우(DNA의 이중 나선 두 줄이 같은 위치에서 한 번에 잘린 경우)에는 첫 번째 방법이 더 자주 선택된다. 어슷하게 잘리면(DNA의 이중 나선 두 줄이 몇 개의 뉴클레오타이드 간격을 두고 잘린 경우) 이중 나선의 한 줄이 다른 한 줄보다 몇 염기가 더 길게 붙어 있게 되는데 이 경우 두 번째의 비교적 더 정교한 복구 방법이 선택될 가능성이 더 높아진다고 한다.

DNA 이중 나선이 어슷하게 잘리면 몇 염기가 더 길게 붙어 있는 한쪽 줄은 그 부분과 염기 서열 짝이 맞는 또 다른 어슷한 끝을 갖는 DNA 조각하고만 접합이 되고 쉽게 붙게 된다. 따라서 기존 유전체 내의 유전자를 외부에서 넣어 준 다른 유전자와 교체하려고 할 때 효율적으로 작동할 수 있다. 그러므로 CRISPR 시스템을 적용해 유전체를 절단하는 것이 그냥 유전체에 존재하는 유전체를 없애 버리거나 변이를 유발하기 위한 것이라면 CRISPR-Cas9 시스템의 효용이 높을 수 있다. 그러나 유전체 정보 중 잘못된 부분을 잘라 내고 정상적인 유전자로 교체하기 위한 것이라면 효율이 많이 떨어질 수 있다.

Cas9를 사용할 때의 또 다른 한계는 자르고자 하는 유전체의 DNA 표적 위치에 구아닌(G)이라는 염기가 2~3개 있어야 한다는 것이다. 표적 DNA 염기 서열 위치에 구아닌 2개가 연속으로 없는 경우에는 이 유전자 가위 시스템을 사용할 수 없다.

이러한 Cas9의 제한 조건을 타개하기 위해 다양한 세균의

CRISPR 시스템에서 Cas9 말고 DNA 절단 효소로 기능할 수 있는 효소를 찾는 노력이 계속되었고 그렇게 찾은 것이 Cpf1이라는 또 다른 CRISPR DNA 절단 효소이다. MIT의 장펑 교수 연구실에서 처음 보고된 Cpf1은 프레보텔라(*Prevotella*)와 프란시셀라(*Francisella*)라는 세균에서 발견되었다. Cpf1이라는 이름은 CRISPR와 각각 세균의 첫 글자를 따서 명명되었다.[1] 무엇보다 Cpf1은 DNA를 싹둑 자르는 Cas9과는 달리 DNA를 어슷하게 자를 수 있어 세포 내에서 정교한 복구 과정을 유도하거나 잘못된 부분을 잘라 내고 정상적인 유전자로 교체하려는 경우 그 효율을 높일 수 있을 것으로 기대되고 있다. 또 Cpf1 단백질은 Cas9과는 달리 유전체의 DNA 표적 위치에 티민(T)이 여럿 있는 경우 작동한다고 알려져 있다. 따라서 표적 DNA 염기 서열에 구아닌이 연속으로 2개 이상 존재하지 않아 Cas9을 사용할 수 없을 경우, 대신 다수의 티민이 있다면 Cpf1을 사용할 수 있다. 유전자 가위의 선택지를 확장한 것이다.

지구에는 수천만 종의 다양한 세균이 존재하고 그중 3분의 1 정도가 CRISPR 시스템을 가지고 있는 것으로 알려져 있다. 보통 온도와 압력, 염분 농도 등이 극히 높은 극한 환경에서 서식하면서 생명의 신비를 보여 주는 고세균류(Archaea)는 90퍼센트 이상이 CRISPR 시스템을 갖고 있는 것으로 보고되어 있다. 또한 세균과 고세균에 현재까지 크게 나누어 6가지 다른 형태의 CRISPR 시스템이 존재하고, 이들을 특색에 따라 세분하면 유사하지만 조금씩 다른 형태가 적어도 19가지 존재한다고 밝혀져 있다. 따라서 앞으로 다양한 세균 종의 여러 시스템 안에서 서로 다른 특이성을 갖는 여러 가지 CRISPR DNA 절단 효소들을 찾을 수 있을 것이다. 유전자 가위 기술의 중요성이 계속 증가하고 있는 현실을 볼 때, 아주 빠른 속도로 Cas9이나 Cpf1 이외에도 다양한 DNA 절단 효소들이 생명 공학자들의 연장통에 추가되어 유전체 변형의 특이성이나 효율을 더 높일 수 있을 것이다.

24장 유전자 가위 기술의 혁신

프라임 에디팅이라는 신기술

CRISPR-Cas9 유전자 가위 기술은 유전체의 유전 정보를 우리의 의도대로 바꿀 수 있는 놀라운 혁신이었다. 그러나 23장에서 설명한대로 DNA 이중 나선의 양가닥을 모두 싹둑 자르기에 잘린 DNA가 어떻게 복구되는가에 따라 우리가 원하는 대로 수정될 수도, 그렇지 않을 수도 있다. 또한 원하는 표적이 아닌 곳을 잘라 편집하는 표적이탈 효과도 배제하기 어렵다.

2018년 가을 출간된 이 책의 초판에서도 CRISPR-Cas9의 이러한 한계를 개선해 효율과 정확성을 높인 새로운 유전자 가위 기술이 빠르게 발전할 것이라 예상했다. 예상대로 그간 CRISPR-Cas9 유전자 가위 기술의 단점을 보완하고 정확성과 효율을 증대시키려는 여러 연구자들의 노력이 있었고, CRISPR-Cas9을 변형시킨 새로운 유전자 가위 시스템인 프라임 에디팅이 일반화되었다. 프라임 에디팅은 하버드 대학교의 데이비드 리우(David R. Liu) 교수 실험실에서 처음 개발되었고 그후 빠른 속도로 더 좋은 효율로 유전체 DNA를 교정할 수 있는 방법으로 개선되었다.[1] 24장에서는 CRISPR-Cas9 시스템이 어떻게 프라임 에디팅으로 바뀌어 유전체 DNA 교정의 정확성과 특이성을 획기적으로 증가시킬 수 있는지 살펴보고자 한다.[2]

프라임 에디팅에서는 DNA 이중 나선의 두 가닥을 절단하는 기능을 갖는 Cas9 대신 Cas9의 돌연변이인 **nCas9**(Cas9 nickase)을 사용한다. 이는 이중 나선의 한 가닥만을 절단하도록 변형된 것이다. DNA는 단위체인 뉴클레오타이드가 계속 연결되어 만들어지는데, DNA 두 가닥 중 한 가닥에서 뉴클레오타이드의 연결이 끊어진 틈을 영어로 칼로 벤 자국을 뜻하는 **닉**(nick)이라고 한다. nCas9의 앞에 붙은 n은 이 '닉'에서 따온 것인데 DNA 두 가닥 대신 그중 한 가닥에만 이 닉을 만들 수 있도록 변형된 Cas9을 의미한다. 또한 이 nCas9에 인위적으로 원래 RNA 바이러스에서 처음 발견된 RNA를 주형으로 DNA를 합성해 만들 수 있는 **역전사 효소**(reverse transcriptase, RT)를 붙였다. 일반적으로 세포에서는 DNA를 주형으로 RNA가 만들어지는 전사가 일어나지만 이 바이러스 효소는 거꾸로 RNA에서 DNA를 만든다. 그런 의미로 역전사 효소로 명명되었다. 이렇게 인위적으로 만들어져 프라임 에디팅에 이용되는 변형된 Cas9을 **프라임 에디터 단백질**(prime editor protein, PE protein)이라고 한다.

CRISPR-Cas9 시스템을 잘 이해하고 있다면 유전자 가위 기

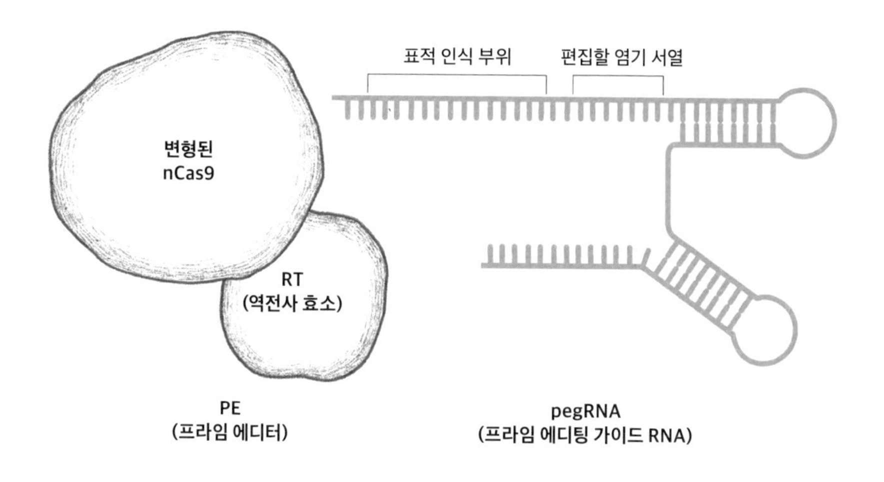

그림 24.1 프라임 에디팅 시스템.

술을 위해서는 Cas9 이외에 유전체 내에서 자를 위치를 지정해 주는 CRISPR 유전자에서 발현되는 가이드 RNA가 필요하다는 것을 기억할 것이다. 프라임 에디팅 시스템에도 가이드 RNA가 필요한데 이 가이드 RNA는 CRISP-Cas9의 가이드 RNA를 변형시킨 새로운 형태로 이를 pegRNA(prime editing guide RNA)라 한다. pegRNA에는 이전 가이드 RNA(단일 가이드 RNA, single guide RNA, sgRNA)가 가지고 있던 수정할 위치를 지정하는 염기 서열 이외에 앞으로 유전체에서 편집하고 싶은 표적 DNA 염기 서열 정보에 대해 주형으로 작용할 염기 서열이 포함되어 있다. 기본적으로 프라임 에디팅에는 PE 단백질과 pegRNA가 필요하다

프라임 에디팅으로 유전체를 교정하는 과정을 좀 더 자세히 살펴보자. 먼저 pegRNA는 내부에 수정하고자 하는 표적 근방의 염기 서열과 동일한 염기 서열을 가지고 있으므로 이를 통해 PE를 표적 부위로 안내한다. 표적 부위에 결합한 PE와 pegRNA는 표적 부위의 DNA의 이중 나선 구조를 풀고, PE는 수정하려는 표적 부위의 DNA 한 가닥을 절단한다. 절단을 통해 닉이 생긴 위치에서부터 PE에 있는 역전사 효소가 pegRNA에 포함되어 있는 편집하고자 하는 염기 서열 정보를 주형으로 RNA 염기 서열에 따라 뉴클레오타이드를 하나씩 첨가하는 DNA 합성 반응을 수행한다. 그 결과 표적 DNA의 닉이 유도된 가닥은 원하는 대로 수정된 DNA 염기 서열을 갖는다. 표적 DNA 이중 나선 중 닉이 생기고 새 DNA 가닥이 만들어지면서 옆으로 밀쳐진 원래 가닥은 세포 내에 존재하는 핵산을 자르는 효소에 의

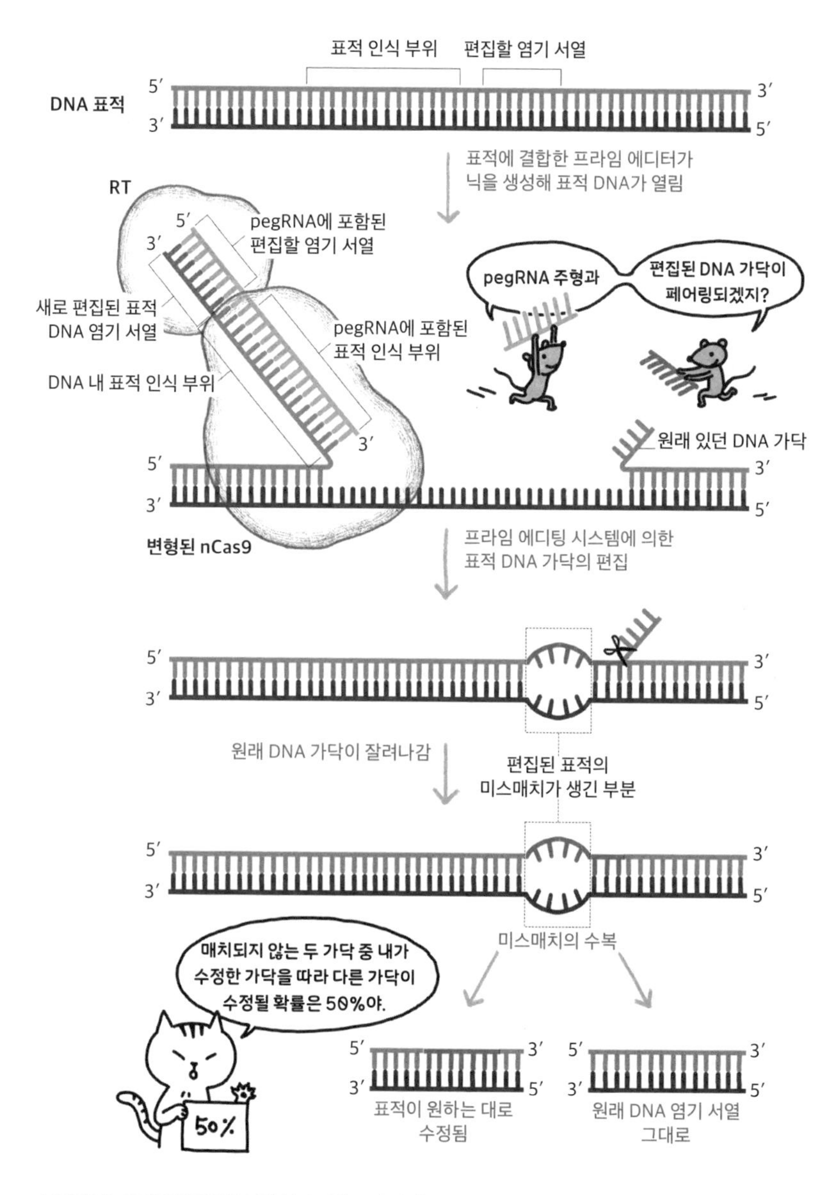

그림 24.2 프라임 에디팅에 의한 염기 서열 교정 단계.

해 잘려 나가고 pegRNA를 주형으로 새로 만들어진 수정된 DNA가 그 부분을 채우게 된다.

DNA는 서로 상보적인 염기가 서로 마주보며 쌍을 이루고 있다. 문제는 프라임 에디팅으로 표적 DNA의 이중 나선 중 한 가닥은 원하는 대로 수정이 되었으나 남은 가닥은 원래 그대로의 염기 서열을 가지고 있다는 것이다. 그래서 수정된 표적 부분을 포함한 가닥과 다른 가닥 사이의 염기가 상보적이지 않은, 즉 염기쌍을 이루지 못하는 부분이 만들어진다. 이런 부분을 **DNA 미스매치**(DNA mismatch)라고 한다. 원래 세포 내에는 유전체의 DNA에 미스매치가 생길 경우 이를 수복하는 장치가 있다. 이 장치가 자연적으로 작동된다면 미스매치 표적 부분은 우리가 원하는 대로 프라임 에디팅으로 수정한 쪽 DNA 가닥의 정보를 따라 다른 가닥의 DNA를 수정할 수도 있고, 반대로 수정 전 정보를 갖는 다른 가닥 DNA 정보를 따라 수정 전 원래 DNA 염기 서열로 되돌릴 수도 있다. 수정 확률은 각각 50퍼센트다. 표적 수정 효율이 50퍼센트 정도라면 이전 CRISPR-Cas9에 비해 혁신적이라고 하기는 어려울 것이다.

따라서 프라임 에디팅의 효율을 획기적으로 높이는 몇 가지 방법이 함께 개발되었다. 첫번째는 표적을 지정하는 pegRNA를 제작할 때 RNA 내에 표적을 지정하는 염기 서열과 그 뒤에 오는 수정하려는 DNA 염기 서열 합성에 대한 주형의 염기 서열에 더해 표적 DNA 가닥에 닉이 생기고 pegRNA와 결합할 때 남겨진 다른 쪽 가닥의 DNA에 상보적인 염기 서열까지를 포함하도록 제작해 넣어 주는

1. 표적과 상보적인 DNA 가닥과
원래 DNA 가닥과의 결합을 방지하는 방법.

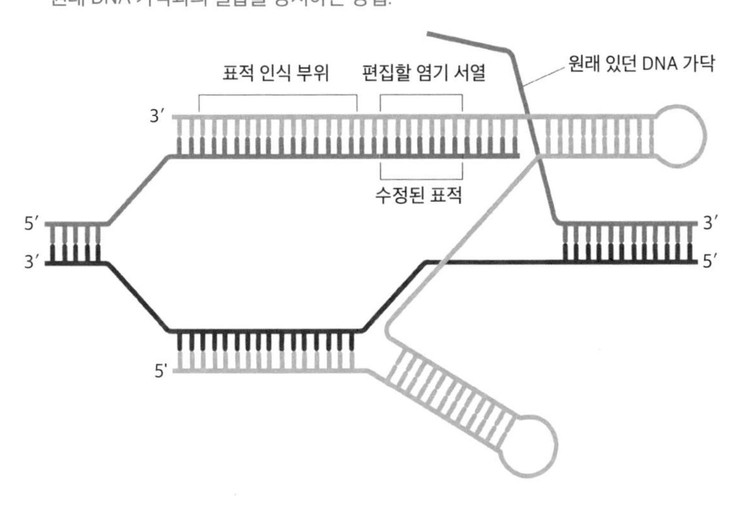

2. 미스매치를 편집된 표적대로 수복하는 방법.

그림 24.3 프라임 에디팅의 표적 교정 확률을 높이는 두 가지 방법.

것이다. 이렇게 하면 pegRNA는 닉이 만들어지는 표적 DNA 가닥뿐만 아니라 표적과 원래 결합하고 있던 상보적인 다른 DNA 가닥과도 결합을 만들게 된다. 표적과 상보적인 다른 DNA 가닥이 pegRNA에 의해 잡혀 있게 되면, 닉으로부터 새로 합성된 표적 DNA 가닥이 만들어지면서 옆으로 밀쳐진 원래 가닥이 상보적인 다른 가닥과 재결합해 원래 DNA 이중 나선으로 돌아가는 확률을 줄일 수 있다.

효율을 높이는 또 다른 방법은 표적 프라임 에디팅의 결과로 생기는 미스매치의 수정이 표적 가닥의 새로운 염기 서열 정보에 따라 진행할 수 있도록, 표적과 상보적인 DNA 가닥에 한 번 더 프라임 에디팅을 적용해 닉을 만드는 것이다. 프라임 에디팅을 적용한 표적과 상보적인 DNA 가닥에 대한 닉을 만들 위치를 지정하는 sgRNA를 함께 넣어 주면 표적을 수정한 PE가 다시 표적과 약간 떨어진 위치에 결합한 sgRNA에게로 유도되어 이 지점에 닉을 만들 수 있다. 일단 DNA에 닉이 만들어지면 세포는 DNA 두 가닥 중 닉이 없는 DNA 가닥을 주형으로 닉 위치부터 DNA를 합성해 닉을 수복한다. 따라서 이런 방법을 쓰면 수정된 표적의 정보대로 다른 DNA 가닥이 수정되어 유전체 편집 효율을 크게 높일 수 있다.

물론 이렇게 pegRNA와 sgRNA 두 종류의 RNA를 넣어 주었을 때 어느 쪽이 먼저 지정한 닉을 만들지는 예측할 수 없다. 그러나 이러한 방법으로 원하는 대로 유전체를 수정할 수 있는 확률을 높이는 것이다. 실제로 프라임 에디팅 방법을 사용했을 때 인간 유전체를 원하는 대로 수정할 확률을 89퍼센트까지 증가시킬 수 있다고 한다.

프라임 에디팅 방법이 유전체 교정의 정확성과 효율을 높일 수 있었지만 아직 만능 유전자 가위 기술은 아니고 더 개선되어야 할 한계들이 남아 있다. 한가지 결점은 pegRNA에 지정하기에는 너무 긴 DNA를 삽입하거나 삭제할 수 없다는 것이다. 또 다른 결점은 pegRNA가 길고 커지다 보니 이에 대한 유전자나 아니면 발현된 RNA를 세포 내로 삽입하는 과정의 효율이 낮고 또 세포 내에서 발현되거나 넣어 준 RNA가 쉽게 손상될 수 있다는 것이다.

CRISPR-Cas9이나 이를 업그레이드한 프라임 에디팅을 통한 유전체 DNA의 편집은 모두 확률 게임이다. 유전자 가위를 연구하는 과학자들의 목적은 원하는 대로 유전체 DNA를 수정하거나 편집할 수 있는 확률을 높인 유전자 가위를 계속 개발하고 개선하는 것이다. 유전체 편집 방법의 진화는 아주 안전한 99.9퍼센트 효율의 유전자 가위 기술을 손에 넣을 때까지 계속될 듯하다.

25장 유전자 가위 기술에 대한 성찰

'DNA 혁명' CRISPR, 우리 얼마나 알고 있나?

이 책에서는 CRISPR 시스템에 관한 이야기에 벌써 열 장이 넘는 분량을 할애하고 있다. 이제 독자들은 CRISPR와 그 응용에 대해 충분한 지식을 갖고 있을 것이다. 그래서 대부분의 독자들은 우리가 CRISPR 시스템을 잘 이해하고 있다고 오해할 수 있을 것 같다. 실상은 그렇지 않다. 현재 이 시스템 자체에 대한 우리의 자연 과학적 지식은 아주 적다. CRISPR 유전자 가위는 우리가 단순한 생명체라고 여기는 일부 세균과 고세균에 있는 시스템을 가져다 쓰는 것인데, 이 단순한 미생물의 세계에서조차 CRISPR가 실제로 어떤 기능을 하는지, 어떻게 작동하는지, 그리고 이들이 미생물 전체의 생태계나 진화에 어떤 영향을 미치는지 자연 현상으로서의 CRISPR에 대해서는 잘 알지 못한다.

CRISPR는 세균의 적응 면역 시스템으로 그 기능이 처음 알려졌다. 그런데 재미있는 점은 생존에 유리할 것으로 보이는 CRISPR 적응 면역 시스템을 모든 세균이 가지고 있는 것은 아니라는 것이다. 90퍼센트 이상의 고세균과 30퍼센트 정도의 세균만이 이 시스템을 가진다고 알려져 있다. 그리고 이 시스템은 단세포 세균들이 속하는 원핵생물에서만 발견되고 마찬가지로 단세포이지만 유전 정보를 핵 안에 저장하는 효모 같은 진핵생물에서는 발견되지 않는다.

CRISPR 같은 시스템은 도대체 어디서 유래했고 어떻게 생긴 것일까? 또, 왜 이런 유용한 시스템을 어떤 세균은 가지고 있고 다른 세균은 가지고 있지 않은 것일까? 또한 CRISPR 시스템에 저장하고 있는 바이러스 염기 서열 정보는 일반적으로는 수십 개이지만 적게는 몇 개에서 많게는 수백 개까지 세균 종에 따라 다양하다. 언뜻 생각하면 CRISPR 유전자 내에 저장하고 있는 바이러스의 정보가 많으면 많을수록 세균이 살아남는 데 유리할 것 같다. 그러나 자연계에서 항상 공짜는 없는 법! 많은 바이러스의 유전 정보를 계속 가지고 생존하는 것은 전체 유전 정보의 양이 엄청나게 커지는 것을 의미하므로 이런 상황은 세균이 살아남는 데 불리할 수도 있다. 이런 이유 때문인지는 아직 확실하지 않으나 어떤 세균 종은 CRISPR 시스템과 함께 자체 내에 이 유전자 가위가 활성화되는 것을 막는 억제 단백질을 가지고 있다는 것도 알려졌다. 그렇다면 미생물의 세계에서 CRISPR를 갖는 것이 생존에 유리할지 아니면 갖지 않는 것이 유리할지, 또 바이러스 정보를 몇 개 저장하는 것이 유리할지 질문이 꼬리에 꼬리를 문다.

그렇다면 세균의 바이러스는 CRISPR 시스템에 속수무책일까? 그렇지 않다. 세균의 바이러스인 많은 박테리오파지들은 CRISPR 유전자 가위 시스템의 작동을 억제할 수 있는 단백질과 이에 대한 정보를 가지고 있다고 알려져 있다. 이런 연구들은 우리 눈에 보이지 않는 미생물의 생태계에서 미생물과 바이러스가 서로의 생존을 놓고 끝없이 벌이는 공격과 방어의 정교한 시소 게임을 보여 준다. 이런 시소 게임은 생태계의 균형을 유지하고, 상호 진화를 이끄는 요인으로 작용하는 것으로 보인다. CRISPR는 지구의 생태계가 어떻게 계속 변화하면서도 균형을 이루는 '동적 평형' 상태를 유지하고 있는지를 보여 주는 좋은 예가 될 수도 있을 것 같다.

현재 CRISPR에 대한 가장 풀리지 않은 수수께끼는 CRISPR 유전자의 반복 염기 서열 사이에 저장된 염기 서열들이 모두 바이러스의 유전 정보와 일치하지는 않는다는 것이다. 물론 이 염기 서열들은 이미 지구에서 사라진 바이러스의 유전 정보일 수도 있고 아직 우리가 모르고 있는 세균 및 바이러스의 유전 정보일 수도 있다. 그러나 CRISPR가 현재 우리가 이해하고 있는 세균의 적응 면역에 해당하는 기능 외에 다른 기능을 수행할 가능성도 배제할 수 없다.

실제로 몇몇 세균에서는 CRISPR 시스템이 DNA의 복구나 유전자의 발현 조절, 혹은 세균들이 서로 군집을 형성할 수 있도록 하는 **바이오필름**(biofilm) 생성에 필요하다고 알려져 있다. 한 종의 세균이 다른 종의 세균에 침입할 때 CRISPR가 필요한 경우도 보고되었다. 또 CRISPR가 저장하고 있는 염기 서열 중에는 세균 자신의 유전

CRISPR-Cas9은
유전자의 일부분을 잘라 낼 수
있는 훌륭한 기술입니다.

어떤 원리로 유전자를 자른다는 거예요?

그럼 세균은 다 CRISPR
유전자가 있는 거예요?
유전자를 자르는
CRISPR가 어쩌다가
생명체의 몸에 있게 된 거죠?

정보에 해당하는 정보가 들어 있는 경우도 발견된다. 그래서 세균 내 CRISPR의 기능을 연구하는 학자들 중에는 CRISPR가 진핵 세포에서 활성 상태인 유전자에 상보적인 RNA 조각을 발현해 유전자 발현을 조절하는 **RNA 간섭**(RNA interference)처럼 세균의 유전자 조절 시스템으로 기능을 할 것이라고 예측하는 이도 있다.

이러한 보고들은 모두 세균의 세계에서 CRISPR가 수행하는 다양한 기능에 대한 우리의 정보가 얼마나 적은가를 깨닫게 해 줄 뿐이다. 우리는 CRISPR에 대해 잘 알지 못한 채 일천한 지식으로 그것의 응용과 유용성에만 매달리고 있는 어리석음을 범하고 있는 것인지도 모르겠다.

8부

난치병 치료의 구원 투수?

26장 세포 치료제 시대

개인 맞춤형 치료의 시대 열리다

2017년 7월 12일 미국에서는 생명 과학이나 의학에 관심이 있는 사람들뿐 아니라 소아 백혈병 환자들과 그 부모들에게 아주 큰 기대를 갖게 하는 중요한 뉴스가 보도되었다. FDA의 항암제 심의 위원회가, 노바티스 사가 개발한 면역 항암 치료제 CAR-T, 상품명 킴리아(Kymriah)의 허가를 만장일치로 권고했다는 것이었다.[1] 뒤에 다시 설명하겠지만 간단히 이야기하면 CAR-T는 암환자 개개인의 T 면역 세포를 추출해서 암세포만 파괴할 수 있도록 유전적으로 변형한 다음 환자의 몸에 다시 주입하는 치료법이다.

이 뉴스를 읽으며 나는 꽤 오래전부터 여러 시도가 있어 왔지만 크게 성공적이지 못했던 세포 치료와 개인 맞춤형 치료가 이제 본격적으로 도입되는 시대를 맞는구나 하는 예감이 들었다. 그래서 26장부터는 세포 치료와 관련 연구들을 소개해 보려고 한다.

세포는 생명체의 기능을 수행하는 기본 단위이고 우리 몸은 수십조~수백조 개의 세포로 이루어져 있다. 세포 치료란 이 살아 있는 세포를 직접 환자에게 주입해 병을 치료하려는 모든 시도를 일컫는다. 황우석 사건으로 우리 국민들에게 익숙한 **배아 줄기 세포**를 이용한 치료도 일종의 세포 치료이다. 우리에게 가장 잘 알려진 세포 치료의 경우가 백혈병을 근원적으로 치료할 수 있는 골수 이식이다. 골수에는 혈액을 타고 돌아다니는 다양한 혈액 세포들을 만들어 낼 수 있는 조혈모세포라는 줄기 세포가 존재하는데 건강한 골수를 이식함으로써 이 골수와 함께 이식된 줄기 세포가 건강한 혈액 세포들을 만들어 낼 수 있게 되는 것이다.

골수 이식에서 볼 수 있는 것처럼 세포 치료는 효과적으로 작용하면 병의 원인이 되는 기능 이상이 생긴 세포를 정상 기능의 세포로 대치할 수 있으므로 병의 원인을 없앨 수 있다. 현재 대부분의 약이나 치료제가 증상을 완화시키는 작용에 그치는 것에 비하자면, 세포 치료는 성공할 수만 있다면 병의 원인을 제거해 완치할 수도 있는 새로운 개념의 치료법이라고 볼 수 있다. 세포 치료의 효율을 높이기 위해 살아 있는 세포를 인체가 아닌 실험실에서 선별하고 증식시킨 것이나, 치료 효과를 더 높이기 위해 특성을 변화시키는 다양한 처리를 한 세포를 가지고 인체에 주입할 수 있는 세포 치료제를 만든다.

세포 치료는 인체에 넣어 주는 세포가 어디서 유래했는가에 따라 몇 가지로 나누어 볼 수 있다. 자기 자신의 몸에 있는 세포를 분리해 세포 치료제를 만드는 경우를 자가 세포 치료(autologous cell therapy)라고 하고, 다른 사람의 세포를 이용하는 경우를 동종 세포 치료(allograft cell therapy)라고 한다.

우리의 몸은 자신과 타자를 구별할 수 있는 면역 기능을 가지고 있고 이것은 생존에 필수적이다. 자기가 아닌 타자라고 인식되는 물질이나 세포가 체내로 들어오게 되면 몸은 자신을 지키기 위해 맹렬한 면역 반응을 통해 타자를 제거한다. 따라서 자기 세포를 이용하는 자가 세포 치료는 이용하기가 용이하지만 동종 세포 치료는 면역 거부 반응 때문에 치료법으로 개발되기까지는 상대적으로 넘어야 할 기술적 장애가 많다. 현재 세포 치료제 개발은 자가 세포 치료를 중심으로 많이 진행되고 있고 동종 세포 치료는 상대적으로 면역 반응이 제한적이라고 알려진 눈, 귀 그리고 특정 면역 세포에서 주로 시도되고 있다.

또 인체에 다른 동물의 세포를 이식하는 경우는 이종 세포 치료(heterogeneous cell therapy)라고 하는데, 사람 세포와 비교해 이식을 위한 세포를 상대적으로 얻기 쉽다는 장점 때문에 19세기 이래로 꽤 긴 역사를 가지고 계속 시도되어 왔다. 그러나 면역 거부 반응이 문제가 될뿐 아니라 동물마다 유전체 내에 잠재 바이러스를 가지고 있어 치료법으로 개발되기에는 여러 가지 위험 요소와 기술적 장애가 많다. 따라서 현재 적극적으로 시도되고 있지 못한 상황이다.

또한 세포 치료는 이식하는 세포의 종류에 따라서 몇 가지로 나뉘고 그 목적이나 쓰임새, 문제점도 다르다. 따라서 먼저 세포의 종류에 대해 설명하려고 한다.

우리는 수정란이라는 하나의 세포에서 시작되어 발생한 개체이다. 초기 수정란은 분열을 통해 개수를 늘리지만 이 상태에서는 세포 하나하나가 완벽한 개체를 만들어 낼 수 있는 모든 가능성을 가지고 있다. 이 상태를 배아 줄기 세포라고 한다. 그래서 배아 줄기 세포가 발생 과정에서 분리되면 일란성 쌍둥이를 만들 수 있다. 그러나 발생을 계속할수록 세포의 자기 복제를 통해 전체 세포의 수는 늘어 가지만 각 세포들이 특정 기능을 가진 조직과 기관으로 발달해 가면서 세포의 가능성은 그 기능에 따라 제한된다. 이 과정을 분화(differentiation)라고 한다. 즉 배아 줄기 세포는 분화가 전혀 진행되지 않은 상태의 세포이고, 발생 과정은 한마디로 요약하면 세포의 증식과 분화의 과정이라고 할 수 있다.

발생 과정이 끝나 개체로 태어난 사람의 몸에는 적어도 200여 종류의 세포가 존재하면서 생명 유지를 위해 다양한 기능을 수행하는 것으로 알려져 있다. 또한 완전히 발생이 되어 태어난 후에도 우리 몸은 계속 변해 간다. 우선 성인이 될 때까지 성장이 이루어지며, 가시적인 성장이 끝나 어른이 된 후에도 인체의 각 조직에서 특정 기능을 수행했던 낡은 세포들이 일정 시간이 지나면 새 세포로 대체된다. 이는 분화된 각 조직에 아직 분화하지 않은 상태로 남아 있는 줄기 세포가 계속 증식과 분화를 수행하고 있기 때문이다. 이렇게 발생이 끝난 개체의 각 조직이나 장기에 존재하는 줄기 세포를 배아 줄기 세포와 구분해 **성체 줄기 세포**라고 한다.

성체 줄기 세포는 배아 줄기 세포가 갖는 모든 가능성을 가지고 있지는 않지만 자가 증식을 할 수 있는 기능과 특정 조직의 다양한 세포로 분화할 수 있는 기능을 가지고 있다. 흔한 예가 16~17장에서도 언급했던 골수에 있는 줄기 세포인 조혈모 줄기 세포(hematopoietic stem cell)이다. 이 세포는 인간 전체를 만들어 낼 수 있는 능력은 없지만 혈액에 있는 적혈구와 모든 백혈구를 만들어 낼 능력을 가지고 있다. 성체 줄기 세포 외에 이미 분화가 완료되어 몸에서 특정 기능만을 수행하고 시간이 지나면 사멸하는 세포를 체세포라고 한다. 적혈구와 백혈구 등도 일종의 체세포이다.

세포 치료는 크게 줄기 세포를 이용하는 경우와, 체세포를 이용하는 경우로 나누어 볼 수 있다. 줄기 세포를 이용하는 세포 치료도 배아 줄기 세포를 이용하는 배아 줄기 세포 치료, 성체 줄기 세포를 이용하는 성체 줄기 세포 치료로 나뉜다. 체세포를 이용하는 치료로는 혈액 속에 존재하는 다양한 면역 세포를 이용하는 치료법이 현재 가장 많이 시도되고 있고 이것을 '면역 세포 치료'라고 한다. 26장 시작 부분에서 언급한 CAR-T도 면역 세포 치료의 한 가지 방법이다. 이밖에도 관절염 치료를 위해 연골 세포를, 실명 치료를 위해 각막 세포를, 당뇨병 치료를 위해 췌장에서 인슐린을 분비하는 췌도(islet) 세포를 이용하는 등 다양한 체세포 치료법이 개발되고 있다.

세포 치료의 원리는 정상 기능의 세포를 넣어 줌으로써 기능 이상으로 질병을 유발하는 세포를 대치해 체내 기능을 회복시킨다는 것이다. 원리만 놓고 보면 아주 간단해 보이지만 실제 적용 과정은 그

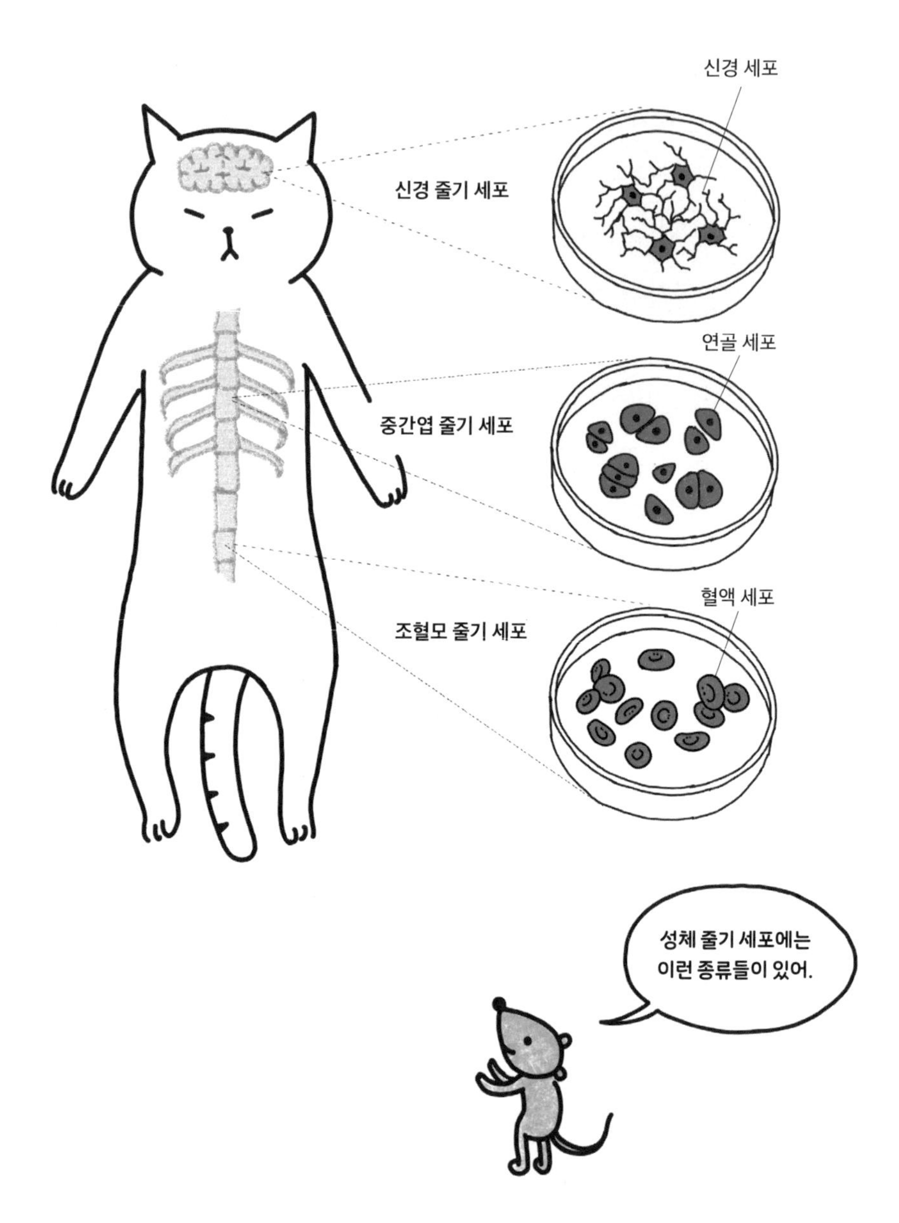

그림 26.1 성체 줄기 세포의 종류.

렇지 않다.

일단은 체세포든 줄기 세포든 세포의 기능을 유지한 채로 몸에서 분리해 내는 것이 어렵다. 설사 분리하더라도 그 수가 매우 적다. 또한 세포는 살아 있는 개체이므로 인체로 넣어 주었을 때 우리가 기대한 기능만을 수행하도록 제어하기가 매우 어렵다. 세포를 몸에서 분리하고 다시 집어넣는 모든 과정에서 바이러스나 세균에 감염될 가능성도 높다. 따라서 모든 과정이 무균 상태의 특별한 환경에서 이루어져야 한다. 게다가 대량 생산이나 대중화가 가능했던 기존의 약이나 치료법과는 달리 면역 억제 반응을 최소화하면서 개인의 증상과 치료 목적에 알맞게 개인 맞춤형으로 치료제와 치료법을 만들어야 한다는 특성도 있다. 이런 많은 어려움들을 극복하고 세포 치료제를 개발하고자 하는 노력은 지금 치열하게 계속되고 있다.

27장 면역 세포 치료제

미래의 항암 치료제, 우리 몸의 세포로 만든다

26장에서 잠깐 언급했던 CAR-T를 비롯해 요즘 생명 공학과 의약품 관련 분야에서 가장 '핫한' 뉴스는 면역 세포 치료법과 치료제에 관한 것이다. 면역 세포 치료제는 우리 몸에 존재하는 분화된 체세포 중 한 종류인 백혈구 같은 면역 세포들을 질병 치료제로 개발한 것이다.

대부분의 체세포는 자기와 타자를 구별해 주는 표지 단백질을 세포 표면에 가지고 있기 때문에 현재까지 개발된 대부분의 면역 세포 치료제는 주로 자신의 몸에서 분리해 낸 면역 세포를 이용하는 자가 세포 치료제이다. 면역 세포 치료제는 주로 항암 치료제로 개발되고 있다. 환자에게서 분리한 면역 세포를 암세포를 잘 공격하도록 변형시키거나 활성화해서 환자에게 다시 주입, 암세포에 대한 환자의 면역 기능을 활성화함으로써 치료 효과를 얻는 식이다.

항암 치료제로서 면역 세포 치료제가 각광을 받는 이유는 기존의 방사선 치료나 화학 요법 항암제 사용 시 나타나는 면역 세포의 사멸로 인한 면역 기능의 저하, 정상 세포의 사멸로 인한 소화기 장애 및 탈모 등의 부작용을 최소화할 수 있기 때문이다. 또한 자신의 세포를 이용하기 때문에 독성이 적고 안전성이 높은 장점이 있으며 이미 다른 조직으로 전이된 암에서도 좋은 효과를 보인 사례도 있어 미래의 항암 요법으로서 주목을 받고 있다.

우리는 일반적으로 백혈구라고 통칭하지만 면역 세포는 그 기능에 따라 **수지상 세포**(dendritic cell), **자연 살해 세포**, T 세포 등 크게 몇 가지로 나뉜다. 따라서 면역 세포 치료제는 사용하는 면역 세포의 종류에 따라, 또 면역 세포에 가하는 변형이나 활성화 방법에 따라 다양하게 개발되고 있다.

가장 간단하고 오래된 방법은 환자의 혈액에서 다양한 백혈구들을 분리해 원래 체내에서 이 세포들이 만들어질 때 필요한 **사이토카인**(cytokine)이라는 물질과 함께 배양해 주는 것이다. 가장 많이 사용되는 사이토카인은 인터루킨-2(Interleukin-2)이다. 이렇게 사이토카인과 면역 세포를 배양하면 면역 세포들의 기능이 활성화되어 체내로 주입되었을 때 암세포에 대한 공격력이 훨씬 늘어나 치료 효과가 좋아지는 것으로 알려져 있다. 그러나 근래에는 면역 세포들 일반의 활성을 올리는 방법 대신 특정 면역 세포를 분리하고 이를 이용하는 치료법이 더 많이 사용되고 있다.

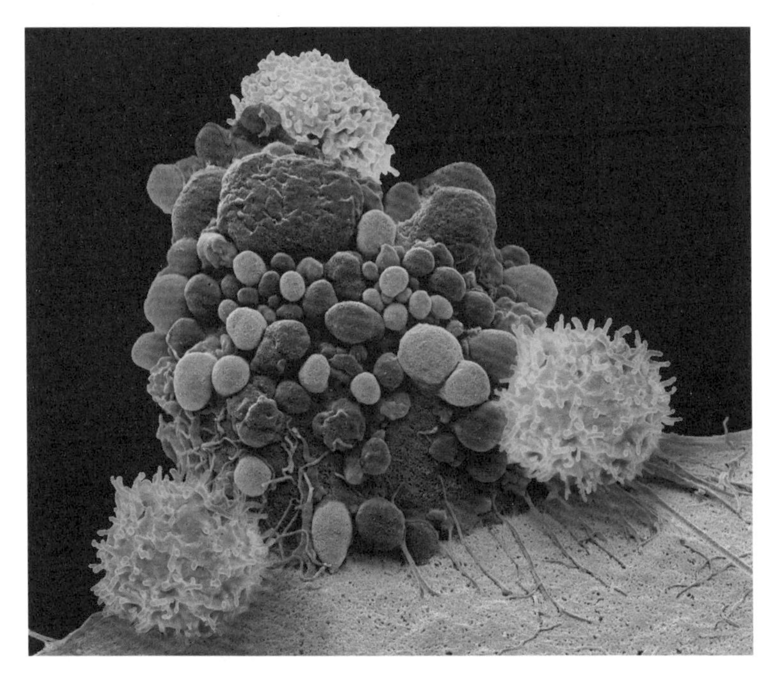

그림 27.1 T 세포와 암세포. 중앙에 있는 큰 덩어리가 암세포이고, 암세포 하단 양측과 상단에 붙어 있는 것이 T 세포이다. © Sciencephoto.

요즘 가장 많이 쓰이는 면역 세포는 T 면역 세포이다. 인체에 암이 발생하면 암 발생 부위에는 적은 수이지만 암세포와 대항해 싸우는 데 특화된 T 세포가 생겨나게 되는데, 환자의 암 조직으로부터 이 특화된 T 세포를 분리해 인터루킨-2 등 사이토카인 처리를 해서 그 숫자를 늘리도록 배양한 후 다시 환자에게 투여하는 방법이 치료법으로 개발되었다. 이 치료법은 T 세포를 이용한 면역 세포 치료제 중 가장 먼저 임상 효능이 연구된 것으로, 미국 국립 암 연구소(National Cancer Institute)의 스티븐 로젠버그(Steven Rosenberg) 박사 연구진이 전이성 흑색종 환자에 투여해 항암 효과를 관찰한 논문을 1988년 처음으로 보고하면서 도입되기 시작했다.[1]

이 방법을 이용한 치료는 전체 면역 세포의 활성을 올리는 방법에 비해 암세포에 대해 특이적으로 작용한다는 장점이 있지만 암 조직에서 종양 특이적인 T 세포를 분리하는 공정이 복잡하고 확보할 수 있는 종양 특이적 T 세포의 수가 적어 효율이 낮다. 이 치료법은 외국에서는 주로 피부암의 일종인 흑색종의 치료법으로 개발되었다. 국내에서는 2007년 식품 의약품 안전처로부터 판매 허가를 획득한 녹십자셀 사의 간암 면역 세포 치료제 '이뮨셀-LC(Immuncell-LC)'가 대표적인 제품이다. 이뮨셀-LC는 간암 치료를 위해 활성화 T 면역 세포를 환자 혈액에서 분리해 약 2주 동안 특수한 배양 과정을 통해 항암 활성이 증강된 림프구로 대량 증식시킨 후 환자에게 주사제로 투여하는 것으로 알려져 있다.

최근에는 환자에게서 분리한 T 면역 세포를 그냥 증식 배양해 투여하는 것이 아니라 암세포를 찾아가 정확하게 공격할 수 있도록 T 면역 세포에 유전자 조작을 가한 세포 치료제를 주로 사용하고 있다. 암세포의 겉 표면에는 특이적으로 발현되는 단백질이 있는데, T 세포가 이 단백질과 결합할 수 있도록 환자의 혈액에서 분리한 T 세포에 이 수용체 단백질에 대한 유전자를 인위적으로 발현시킨다. 이를 환자에게 투여해 T 면역 세포가 암세포를 효과적으로 공격할 수 있도록 한 것이다. 암세포에만 존재하는 특정 단백질에 결합할 수 있는 수용체를 인위적으로 발현시키기 위해 주로 바이러스를 유전자 운반체로 이용한다. 즉 이 방법은 단순 면역 세포 치료가 아니라 유전자 치료와 세포 치료를 결합한 형태의 치료법이라고 볼 수 있다. 이렇게 변형되어 체내로 주입된 T 면역 세포는 체내에서 증식하며 종양 세포만을 골라 사멸시킬 수 있어 기존 항암제에 비해 오랜 기간 효능을 발휘하는 장점도 가지고 있다고 보고되었다.

유전자 변형 T 세포를 이용하는 CAR-T 치료법은 2011년 미국 펜실베이니아 대학교의 칼 준(Carl June) 교수팀이 만성 백혈병(chronic lymphoid leukemia) 환자에서 종양 치료 효과를 봤다는 최초의 보고[2] 이후 빠르게 확산되고 있으며, 현재 T 세포 기반의 면역 조절 세포 치료제 중에서 가장 많은 임상 시험이 진행 중이다. 2017년 7월 12일 FDA의 항암제 심의 위원회가 만장일치로 허가를 권고한 노바티스 사의 소아 백혈병 치료제도 바로 이 종류의 면역 세포 치료제이다. 노바티스에서는 이 치료제를 2015년부터 2016년까지 총 63명의 환자에게 처방했고 이중 82.5퍼센트인 52명이 차도를 보였다고 보고했는데,[3] 이것은 악성 소아 백혈병이 다른 치료법으로 거의 치료할 수 없음을 고려할 때 매우 높은 치료 효율이다. 이런 결과를 기반으로 CAR-T는 2017년 FDA 승인을 받을 수 있었다. 물론 CAR-T 세포가 아직 완벽한 치료제는 아니고 여러 종류의 혈액암에서 다른 치료법이 없을 때 새로운 대안이 될 수 있다는 것이다. 실제로 CAR-T 치료를 받은 환자들 40퍼센트 이상에서 T세포가 면역 활성 물질을 과다하게 분비해 고열, 근육통 등 증상이 나타나는 사이토카인 분비 증후군(CRS)이라는 부작용이 보고되었다.

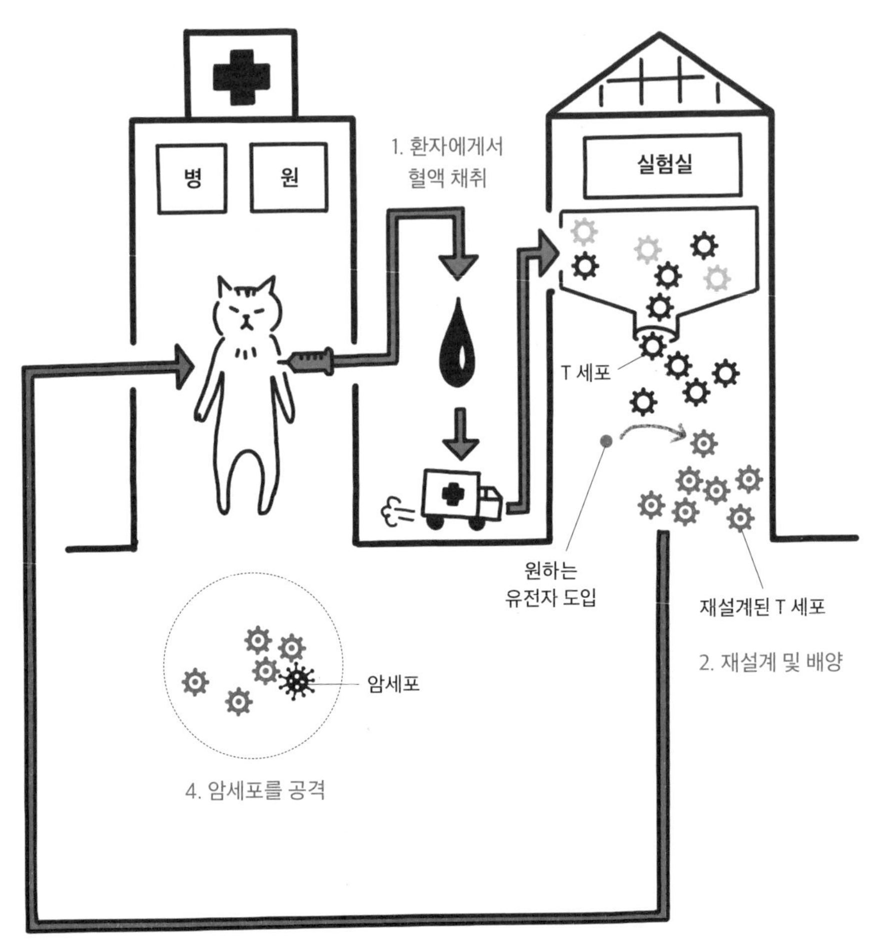

그림 27.2 T 세포에 유전자 조작을 가해 환자에게 투여하는 CAR-T 치료의 과정.

T 세포 외에 외부에서 들어온 이물질을 자신의 세포 표면에 표시해 인체에서 효과적으로 면역 반응이 일어나도록 해 주는 수지상 세포를 이용한 치료법도 면역 세포 치료법으로 개발되고 있다. 암세포에만 특이적으로 존재하는 단백질의 일부를 수지상 세포 표면에 제시하도록 변형시키고 배양한 후 다시 인체에 투여하는 식이다. 우리나라에서도 JW크레아젠이 환자 혈액에서 채취한 수지상 세포 전구체를 수지상 세포로 분화시킨 후, 암 환자에게서 적출한 암세포의 분쇄물을 감지하도록 변형하고 활성화시켜 환자에게 다시 투여하는 방식의 면역 세포 치료제 '크레아박스-RCC'를 개발했다. 크레아박스-RCC는 국내 임상 시험을 모두 통과하고 판매 허가 승인을 받았다.[4]

그밖에도 인체의 면역 세포 중 외부에서 이물질이 침입했을 때 1차 면역 반응에 관여하는, 자연 살해 세포라 불리는 NK 세포도 면역 세포 치료제로 개발되고 있다. NK 세포는 T 세포 등 다른 면역 세포들과는 달리 자기 자신과 자기가 아닌 것을 구분할 수 있지만 자기가 아니라는 이유로 다른 세포를 공격하지는 않는다. 현재의 대부분 면역 세포 치료제가 자기 세포를 분리해 이용하는 개인 맞춤형인 반면, NK 세포는 보다 일반적인 치료제로 개발될 수 있는 가능성을 갖기 때문에 여기에도 관심이 집중되고 있다.[5]

이처럼 면역 세포 치료제가 현재의 약이나 치료법이 갖는 한계를 극복하는 새로운 차원의 치료법으로 개발되는 것은 당연한 수순으로 보인다. 앞의 예들에서 살펴본 것처럼 면역 세포 치료제는 자신의 면역 세포를 분리해 이용하고 증세에 맞게 변형시키는 개인 맞춤형이므로, 환자를 치료하는 병원과 면역 세포를 배양하고 변형시키는 기술을 가진 제약 회사나 연구소가 긴밀한 공조를 할 수밖에 없다. 현재로서는 고비용일 수밖에 없는 상황이다. 또 과다한 면역 반응으로 인해 쇼크가 일어나거나 치료제로 주입된 변형된 면역 세포에 대한 자가 면역 반응이 유도될 수도 있다. 개인마다 면역 반응의 차이도 크기 때문에 그야말로 맞춤형 치료가 아니면 안 되게 되어 있다. 앞으로 면역 세포 치료제들이 어떻게 이런 한계들을 돌파하고 믿을 만한 치료법으로 개발되어 대중화될 수 있을지 궁금하다.

28장 줄기 세포 치료제

체세포의 운명을 되돌리다, 만능 치료제의 미래

국민 모두가 줄기 세포를 만병 통치약으로 믿고 있던 시절이 있었다. '황우석 사건'이라고 알려진 이 해프닝은 여러 가지 윤리 문제와 더불어 과학이 국가 권력과 결탁하고 업적주의로 치달을 때 발생할 수 있는 모든 문제점을 우리에게 극명히 보여 주었다. 그래도 이 사건이 우리에게 한 가지 도움이 되었다면 온 국민으로 하여금 줄기 세포 치료제에 대한 감(感)을 갖게 해 주었다는 점일 것이다.

줄기 세포 치료는 생체에서 세포가 기능을 못하거나 사멸해 발생하는 질병을 치료하기 위해 줄기 세포를 체내에 주입해 기능을 잃은 세포를 대체하도록 하는 치료법이다. 줄기 세포 치료제는 크게 배아 줄기 세포를 사용하느냐 성체 줄기 세포를 사용하느냐에 따라 나뉜다. 배아 줄기 세포든 성체 줄기 세포든 모든 줄기 세포의 공통점은 분열해 줄기 세포 자신의 수를 늘릴 수 있고, 분열 능력이 매우 좋으며, 또 다양한 기능의 세포로 분화할 수 있다는 것이다.

배아 줄기 세포는 인체의 모든 종류의 세포로 분화될 수 있고 성체 줄기 세포는 제한된 종류의 세포로만 분화할 수 있다. 배아 줄기 세포가 원하는 종류의 세포를 얻을 가능성이 더 높지만 인공 수정을 통한 수정란을 만든 경우나 난자의 핵을 체세포의 핵으로 치환해 인위적으로 분열하도록 한 경우에만 얻을 수 있으므로 얻기가 어렵다. 또한 이미 태어난 개체는 더이상 자신의 배아 줄기 세포를 가지고 있지 않으므로 인공 수정을 통해 만들어진 타자의 배아 줄기 세포를 체내로 주입했을 때 면역 거부 반응이 일어날 수 있다. 게다가 윤리적 문제가 수반되기 때문에 요즘에는 주로 성체 줄기 세포를 이용한 줄기 세포 치료제가 개발되고 있다.

성체 줄기 세포의 경우 자기 몸에서 분리한 성체 줄기 세포를 다시 자기에게 주입하면 면역 거부 반응이 일어나지 않지만, 타인의 성체 줄기 세포를 이용하면 마찬가지로 면역 거부 반응이 일어날 수 있다. 자신의 성체 줄기 세포를 이용하는 경우 문제는 우리 몸의 각 조직에서 어느 세포가 성체 줄기 세포인지 정확히 알 수 없고, 세포의 숫자도 많지 않으며 분리해 얻기가 쉽지 않다는 것이다. 이런 이유로 최근에는 이미 분화되어 기능이 한정되어 있고 면역 거부 반응이 없는 자기 몸의 세포를 실험실에서 줄기 세포의 성질을 갖도록 변화시킨 후 다시 몸에 주입하는 '역분화 줄기 세포'를 줄기 세포 치료제로 개발하기 위한 노력이 경주되고 있다.

이미 분화된 우리 몸의 세포의 운명을 거꾸로 돌려 줄기 세포의 성질을 갖도록 만든 역분화 줄기 세포를 **유도 만능 줄기 세포**(induced pluripotent stem cell, iPSC)라고 한다. 사실 이전에는 한 번 분화된 세포의 운명은 되돌릴 수 없다고 생각했다. 그러나 2006년 일본 교토대학교 야마나카 신야(山中伸弥) 교수 연구진은 생쥐의 피부 세포에 몇 가지 유전자를 도입해 배아 줄기 세포처럼 만능성(pluripotency)을 가진 줄기 세포를 만드는 데 성공했다.[1] 또 이듬해인 2007년에는 성인의 피부 세포에 같은 유전자를 도입해 유도 만능 줄기 세포를 만드는 데 성공했다.[2] 야마나카는 "이미 분화되어 기능이 특화된 성숙한 체세포들을 인체의 모든 종류의 세포로 자라날 수 있는 미분화 세포로 재프로그램할 수 있다는 것을 발견"한 공로로 2012년 노벨 생리·의학상을 수상했다.

야마나카는 **레트로바이러스**를 운반체로 이용해 피부 세포에 Oct3/4, Sox2, c-Myc, Klf4라는 4개의 유전자를 도입해 발현시킴으로서 체세포로부터 유도 만능 줄기 세포를 만들었다. 체세포에서 줄기 세포의 만능성을 유도할 수 있는 이 4개의 유전자를 보통 '야마나카 팩터(Yamanaka factor)'라고 부른다. 간단히 이야기하면 유도 만능 줄기 세포는 이미 분화된 세포가 미분화 단계로 돌아갈 수 있도록 몇 개의 유전자를 발현, 조작한 체세포이다. 이론적으로는 이렇게 만들어진 유도 만능 줄기 세포는 인체에 주입되었을 때 신경 세포나 췌장 세포 등으로 분화해 시력 손상, 파킨슨병, 척수 손상, 당뇨 등의 질병을 치료하는 데 이용될 수 있다.

현재 유도 만능 줄기 세포의 기술적 한계는 분화된 체세포에서 유도 만능 줄기 세포가 만들어지는 효율이 낮고, 유도된 줄기 세포를 우리가 원하는 특정 세포로만 분화하도록 유도하는 효율 역시 매우 낮다는 것이다. 또한 야마나카 팩터들은 과발현되었을 때 암을 유발할 수도 있는 유전자들이고, 이들을 세포 내에서 발현시키기 위해 유전자의 운반체로 사용하는 바이러스도 암을 유발할 수 있어 암 발생의 가능성이 높다는 것도 중요한 기술적 한계이다. 이런 한계를 극복하기 위해 야마나카 팩터 대신 화학 물질을 사용하는 방법이나 바이러스를 유전자 운반체로 사용하지 않는 방법 등 유도 만능 줄기 세포의 효율을 높이고 암 발생 가능성을 낮추기 위한 다양한 시도가 현재 계속되고 있다.

이런 문제점에도 불구하고 유도 만능 줄기 세포를 줄기 세포 치료제로 개발하기 위한 임상 실험이 현재 여러 나라에서 진행 중이다. 특히 야마나카의 노벨상으로 유도 만능 줄기 세포를 치료제로 개발하는 것에 탄력을 받은 일본에서 많은 임상 연구가 진행되고 있다. 실제로 2017년 3월 일본 교토 대학교 연구진이 노인성 황반 변성증(age-related macular degeneration, AMD) 환자를 대상으로 하는 유도 만능 줄기 세포 이식에 성공했다고 발표했다.[3] 첫 이식 시도는 2014년 77세의 환자를 대상으로 시도되었는데, 환자의 피부 세포를 채취해 유도 만능 줄기 세포를 만든 다음, 이를 망막 세포로 분화시켜 이식한 것이다. 이식을 받은 환자는 거부 반응 없이 성공적으로 시력이 회복되었다고 한다. 그러나 두 번째 환자를 대상으로 한 임상 실험은 유도 만능 줄기 세포들이 일으킨 돌연변이로 인해 취소되었다. 연구진은 이 돌연변이가 암을 유발할 위험이 있기 때문에 계획을 중단했다고 한다.

연구진을 지휘하는 다카하시 마사요(高橋政代) 박사는 이후 진행될 다섯 번의 임상 실험에는 환자 본인의 세포에서 유도 만능 줄기 세포를 제작하는 대신, 세포 은행에서 기증받은 제3자의 유도 만능 줄기 세포를 이용할 것이라고 했다.[4] 환자의 세포에서 직접 세포를 얻어 줄기 세포를 유도하고 분화시키는 것이 가장 안전하지만, 이것은 비용과 시간이 너무 많이 드는 문제가 있어 내린 결정이라고 설명했다. 그리고 2017년 3월 다카하시 박사 연구진은 타인에게 공여받은 유도 만능 줄기 세포를 망막 세포로 분화시킨 후 노인성 황반 변성증 환자에게 이식하는 임상 실험에 성공했다고 발표했다. 이식 수술은 성공적으로 진행되었고 이식받은 환자 18명 중 13명에서 의미있는 효과를 보였다고 보고했다. 안구는 일반적으로 면역 반응이 제한적인 조직이었기에 타인의 세포를 이용한 유도 만능 줄기 세포의 면역 거부 반응이 적었을 것이라고 생각된다.

임상 실험의 성공으로 타인의 세포로부터 유도된 유도 만능 줄기 세포가 성공적으로 줄기 세포 치료제로 이용될 수 있다는 가능성이 보이자 다양한 유전 정보를 가진 수많은 사람들로부터 세포를 공여받아 유도 만능 줄기 세포로 만들어 치료에 이용할 수 있도록 유도 만능 줄기 세포 은행의 설립이 가시화되고 있다고 한다. 다카하시 박사는 이번 실험을 계기로 다양한 퇴행성 질환의 치료에 유도 만능 줄기 세포를 이용할 계획이라고 밝혔고, 2년 내에 파킨슨병을 치료하는 실험을 시도할 것이라고 발표했다.

그리고 2018년 7월 30일 교토 대학교의 다카하시 준(高橋淳, 다카하시 마사요 박사의 남편이다.) 박사 연구진은 유도 만능 줄기 세포에서 유래한, 도파민을 생성할 수 있는 신경 줄기 세포를 파킨슨병 환자들에게 적용하는 임상 시험을 시작한다고 발표했다. 파킨슨병은 신경 전달 물질 중 하나인 도파민 생성 기능의 저하로 특히 운동 신경에 문제가 생기는 신경 퇴행성 질환이다. 다카하시 박사 연구진은 파킨슨병 발생에 중요한 뇌 부위에 구멍을 뚫고 직접 도파민을 생성할 수 있는 신경 줄기 세포를 주사해 치료할 계획이라고 밝혔다. 이미 이 연구진은 지난 2년간 파킨슨병에 걸린 쥐와 원숭이 모형에 인간 유도 만능 줄기 세포로 준비된 신경 줄기 세포를 주사해 병의 증세가 완화되는 것을 확인했다고 한다. 이 발표와 함께 연구진은 임상 시험에 참가할 파킨슨병 환자를 선착순으로 웹사이트에서 모집하기 시작한다고 했다. 이 연구진 역시 각 환자의 세포를 추출해 유도 만능 줄기 세포로 전환시켜 치료하기보다는, 다양한 사람들로부터 공여받아 만든 유도 만능 줄기 세포 은행의 보유 세포 중 환자에 따라 면역 거부 반응이 가장 적은 세포를 선별해 이용할 계획이라고 한다.[5]

한편 미국 보스턴 소아 병원의 조지 데일리 박사는 성인의 피부 세포를 유도 만능 줄기 세포로 역분화한 후 조혈모세포로 분화시키고자 시도했다.[6] 데일리 박사는 이를 위해 유전자 7가지를 세포 내로 주입해 실험 쥐에게 이식한 후 분화시켰다. 그 결과 인간이 갖고 있는 조혈모세포와 매우 흡사하면서 인간의 혈액 세포 전체로 변화

체세포를 제공해 줘서 고마워.
연구에 잘 사용할게.
Cat's LAB

열심
열심

체세포에서 줄기 세포를
만들어 냈어!

할 수 있는 세포를 얻을 수 있었다고 한다. 만약 유도 만능 줄기 세포를 이용해 조혈모세포를 만들어 낼 수 있다면 골수 이식 외에는 별다른 치료 방법이 없는 백혈병 환자들에게 큰 희소식이 될 것으로 전망된다.

현재의 연구가 성공적인 치료법으로 개발되는 데 시간이 얼마나 걸릴지는 알 수 없다. 그러나 이러한 연구 결과들은 결국 기존의 약을 이용해 치료하는 시대는 가고 세포를 이용한 개인 맞춤형 치료가 대세를 이루는 시대로 가고 있음을 자명하게 보여 준다.

29장 세포로 만든 소형 장기

개인 맞춤형 치료를 위한 새로운 방법

지난 4~5년 동안 줄기 세포 이용 기술 중 가장 빠르게 발전해 일반화된 것이 오가노이드라 부르는 소형 장기 분야다. 오가노이드는 실험실에서 줄기 세포를 3차원으로 길러 만들어진 작고 단순한 장기와 유사한 세포의 집합체라고 보면 된다. 연구자들이 오가노이드에 관심을 갖는 이유는 오가노이드가 진짜 장기는 아니지만 장기와 같은 세포 구성을 가지고 있어 구조적 및 기능적으로 장기와 유사한 생리적 특성을 보이기 때문이다.

오가노이드는 다양한 줄기 세포로부터 모두 만들 수 있다. 26장에서 공부한 배아 줄기 세포로부터 만들 수 있고, 특정 조직에서 떼어낸 조직의 성체 줄기 세포로부터도 만들 수도 있으며, 조직에서 떼어내 역분화시킨 유도 만능 줄기 세포로부터도 만들 수 있다. 오가노이드는 만들 때 어떤 줄기 세포를 사용할지는 용도에 따라 달라지지만, 다량으로 얻기 쉽고 윤리적 문제에서도 비교적 자유로워 가장 많이 쓰이는 것은 유도 만능 줄기 세포다. 마치 발생 과정에서 수정란이라는 하나의 세포가 분열하고 분화해 우리 몸의 다양한 조직과 장기가 만들어 지듯 하나의 줄기 세포로부터 하나의 오가노이드가 생성될 수 있다. 오가노이드를 실험실에서 직접 만들면 완두콩 크기 정도까지 자랄 수 있는데 배양액을 바꾸면서 영양을 계속 공급하면 1년 이상도 유지할 수 있다.

그렇다면 과학자들은 왜 오가노이드에 그토록 열광할까? '어떻게 같은 유전체의 동일 유전 정보를 갖는 세포로부터 다양한 다른 종류의 세포가 만들어지고 이들이 서로 모여 특정 기능을 수행할 수 있는 조직과 장기가 형성될 수 있는가?'는 생명 현상에 대한 근본적인 질문이다. 특히 모체 안에서 발생이 일어나는 인간을 비롯한 포유류는 구체적으로 어떤 과정을 통해 발생이 진행되는지 직접 관찰할 수 없다. 또 우리 몸은 3차원인데 세포를 몸밖으로 꺼내 기존에 사용해 오던 방법으로 배양하면 2차원이 되므로 세포의 생체 내 기능을 실험실에서 정확히 규명하기 어려웠다.

그러나 오가노이드는 체외에서 하나의 줄기 세포로부터 만들어진다. 따라서 어떻게 세포가 분열해 그 수를 증가시킬 수 있는지, 또 이들이 분화해 어떤 다양한 종류의 세포들이 만들어지고 어떻게 세포들끼리 자발적으로 서로 같은 세포끼리 모이고 다른 세포는 배제하는 과정을 통해 특정 구조를 만들고 장기를 형성하는가 하는 생명

체의 자기 조직(self-organizing) 과정을 관찰하고 분석할 수 있다.[1]

오가노이드 생성 기술을 가능하게 한 제일 중요한 발견은 세포를 3차원으로 기를 수 있는 방법의 개발이다. 세포를 2차원으로 실험실 접시에서 키우던 기존의 방법 대신 세포가 모든 방향으로 자랄 수 있는 3차원 환경을 만들어 줄 수 있게 된 것이다. 이때 제일 중요한 것이 **세포외 기질**(extracellular matrix)이다. 모든 조직과 장기는 세포로만 이루어진 것이 아니다. 세포 말고도 세포들이 분비해 만드는 세포외 기질이 존재한다. 요즘 피부를 탱탱하게 한다고 대유행인 콜라겐도 대표적 세포외 기질 중 하나이다. (광고와는 다르게 콜라겐을 먹는다고 그 성분들이 몸안으로 들어와 직접 세포외 기질이 되는 것은 아니다.) 주름살을 펴 준다는 필러 성분도 대부분 인위적으로 만들어진 세포외 기질이다. 몸 안에서 세포외 기질과 세포와의 상호 작용이 세포의 모든 기능, 예를 들어 조직이나 장기의 발생 과정에서 중요한 세포의 분열, 이동, 소통, 분화 등의 생리적 작용을 조절한다. 따라서 세포외 기질은 정상적인 세포의 생리적 기능과 긴밀히 연결되어 있다. 오가노이드를 생성하기 위한 3차원적 세포의 배양은 체내 세포외 기질에 해당하는 물질이나 그 유사체의 존재하에서 세포를 키우는 것을 말한다.[2]

하나의 줄기 세포로부터 하나의 오가노이드가 만들어질 때 오가노이드 내에 개체에 있는 모든 장기가 아주 작은 크기로 모두 만들어져 작은 배아가 형성되는 것은 아니다. 지금의 기술로는 줄기 세포를 배양할 때 특정 조건(성장 인자, 호르몬, 사이토카인 및 특정 세포외 기질 등의 조합)을 만들어 주면 우리가 관찰하고자 하는 특정 장기의 모형, 즉 소형 장기인 오가노이드로 분화시킬 수 있다.

인공적으로 인체 조직을 만들려는 시도는 3차원 세포 배양법 개발 이후 계속되어 왔는데, 오가노이드의 시초는 2009년 네덜란드 위트레흐트 대학교 휘브레흐트 연구소(Hubrecht Institute) 소속의 한스 클레버스(Hans Clevers) 박사 연구진이 소장에 있는 표피 조직의 줄기 세포로부터 소장 특유의 미세 융모 구조(microvilli)를 갖는 오가노이드를 생성한 것으로 볼 수 있다.[3]

오가노이드 연구의 중요한 분수령은 2013년 보고된 배아 줄기 세포나 유도 만능 줄기 세포 같은 사람의 **다능 줄기 세포**(pluripotent stem cell)로부터 뇌의 오가노이드를 만든 것이다. 오스트리아 과학원 분자 생명 공학 연구소(Institute of Molecular Biotechnology of the Austrian Academy of Science, IMBA)의 위르겐 크노블리히(Jürgen Knoblich) 교수 연구실은 다능 줄기 세포로부터 만들어진 뇌 오가노이드가 인간의 뇌 발생 과정 중 초기 과정을 그대로 모방해 다양한 뇌 영역을 갖는 조직으로 발생해 갈 수 있음을 보였다. 또 소뇌증(microcephaly) 환자에서 유래한 유도 만능 줄기 세포를 이용해 특정 유전자의 기능을 막은 상태로 뇌 오가노이드를 만들었을 때 실제 소뇌증 환자에서 보이는 뇌의 이상과 유사한 병변을 보이는 뇌 오가노이드가 만들어지는 것을 확인할 수 있었다. 이러한 발견은 오가노이드가 기존의 방법으로 이해할 수 없는 다양한 뇌 질환 등 여러 질병의 발병 기전을 이해하는 중요한 방법으로 이용될 수 있음을 시사한다.[4]

이 발표 이후 인체 특정 장기의 기능 이상으로 야기되는 다양

그림 29.1 오가노이드 배양 및 생성 방법.

한 질병을 갖는 환자들에서 채취한 세포로부터 유도 만능 줄기 세포를 만들고 이를 이용해 오가노이드를 제작해 환자가 아닌 사람의 세포로부터 만들어진 오가노이드와 비교해 특정 병변의 발생 과정을 이해하려는 시도가 줄을 잇게 되었고 일상적인 연구 방법으로 자리 잡게 되었다.

오가노이드를 개인 맞춤형 치료에 이용하려는 시도도 계속되고 있다. 예를 들면 특정 암을 갖는 환자의 암조직에서 떼어 낸 세포를 이용해 오가노이드를 만들어 다양한 항암제를 처리해 봄으로써 환자의 오가노이드 생성을 억제하거나 사멸을 유도하는 최적의 항암제를 골라 환자에게 처방할 수 있게 된 것이다. 또한 신약 개발 과정에서 이루어지던 기존 동물들을 이용한 새로운 약의 효능에 대한 검증을 인간 오가노이드로 대체하거나 재확인할 수 있게 되어 안전성을 더 높일 수 있게 되었다. 즉 오가노이드라는 새로운 방법을 갖게 됨으로써 인류는 개인 맞춤형 치료를 가능하게 할 또 하나의 방법을 손에 넣었다고 할 수 있을 것이다.

내 예상대로라면 현재 정확한 병의 진단을 위한 피 검사와 CT 촬영처럼, 중요 질환에 대해 병원에서 개인 환자의 오가노이드를 제작해 치료 방법에 대한 결정을 내리는 일이 곧 일상화될 것이다. 각자의 세포로부터 만들어 낸 유용한 오가노이드를 생명체의 한 종류로 보아야 할까? 아니면 그냥 기술을 이용해 인간이 만들어 낸 유용한 물체로 인식해야 할까? 혹은 이미 이런 질문 자체가 의미가 없고 필요하지 않은 것일까?

배아 줄기 세포나 유도 만능 줄기 세포를 특정한 조직이나 장기로의 분화 조건에서 배양하면 오가노이드가 되지만 특정 분화 조건 없이 계속 3차원으로 배양하면 **배아체**(embryonic body)가 형성된다. 배아체는 앞으로 개체의 표피와 신경이 되는 외배엽, 내장 기관이 되는 내배엽, 그리고 그 사이 조직인 근육, 혈관 등이 되는 중배엽을 갖는다. 이렇게 형성된 배아체는 수정란이 분열해 외배엽, 내배엽, 중배엽으로 분화된 초기 발생 단계의 배아와 매우 유사하다. 따라서 이론적으로 이 단계의 배아체를 모체에 착상시키면 인간 개체를 만들어 낼 수도 있다. 인간에게서 공식적으로 이런 시도가 보고된 적은 없지만 모형 생물인 생쥐의 유도 만능 줄기 세포에서 유래한 배아체를 착상시켜 아무 문제없이 생쥐를 태어나게 할 수 있었다. 이런 결과는 만약 인간 세포에서 유래한 배아체를 착상시킨다면 인간이 탄생할 수도 있음을 추측하게 한다. 즉 복제 인간(clone)이라고 불리는, 자신과 유전적으로 동일한 개체를 만들 수 있는 기술적 토양은 이미 만들어진 것이다.

그러나 인간 배아체 연구에 어떤 실험적 및 윤리적 기준을 제시해야 하는가는 아직 명확하지 않다. 2024년 7월 《사이언스》는 세계에서 처음으로 영국이 줄기 세포에서 유래한 인간 배아체 연구에 대한 기준을 밝혔다고 보도했다.[5] 이 기준은 과학계뿐 아니라 다양한 배경의 사람들이 모여 합의를 통해 만든 기준이라고 한다. 그 기준은 물론 배아체는 절대 착상시키지 않는다는 것을 전제로 하며, 배아체가 초기 인간 발생 과정에 대한 유용한 지식을 제공할 수 있으므로 실험의 내용을 미리 고지하는 조건으로 인간 배아체 실험을 계속한다는 것이다. 이미 기술이 이 모든 것을 가능하게 하는 이상 배아체 실험을 불허할 수는 없을 것 같다. 그렇다면 우리도 사회에서 합의하는 배아체 연구의 목적과 방향 및 허용 단계에 대한 기준점이 필요하지 않을까?

에필로그 더 많은 질문과 마주하며

과학 연구는 참 오묘하다. 질문을 좇아가다 보면 답이 아니라 더 많은 질문을 만나게 된다. 아마도 이런 매력 때문에 과학에 한번 손을 담근 사람은 빠져나가기 쉽지 않은 것 같다. 특히 지금 한창 질문을 쏟아 내고 있는 과학이 생명 과학이다.

20세기 초에는 생명에 대한 지식이 너무 적었기에 많은 질문을 가지고 있지 않았다. 그때 가장 중요했던 기본적인 질문은 생명 현상의 가장 기본인 생명체의 특성을 결정하는 다양한 형질들을 나타나게 하는 것이 도대체 무엇이며 그것이 어떻게 다음 세대로 전달되는가였다. 20세기를 지나며 인류는 그 문제를 풀었다. 그리고 그 정보가 모두 담겨져 있는 유전체의 암호를 전부 읽어 내면 생명 현상의 본질을 이해할 수 있을 것이란 희망을 품었다. 인류는 그 암호를 모두 읽어 내면서 21세기를 맞았다. 그러나 아이로니컬하게도 유전체를 읽어 낸 후 우리는 봇물 터지듯 쏟아지는 질문의 홍수에 빠지게 되었다. 유전체 암호 해독이 결코 우리에게 생명의 정보가 어떻게 작동하고 생명 현상이 어떻게 유지되는지에 대한 답을 주지 못한 것이다. 기본적인 내용을 이해하게 되니 비로소 무엇을 모르고 있는지 더 많이 깨닫게 되었다고나 할까.

우리는 유전체와 그 안에 저장된 유전 정보가 생각했던 것보다 훨씬 더 정교하고 섬세하게 조절되고 있음을 알았다. 그리고 이제야 '어떻게'에 대해 질문하기 시작했다. 유전체의 고작 1퍼센트 정도에 불과한 유전자를 위해 유전체 대부분을 차지하는 DNA 염기 서열이 스위치로 작동하고 있다는 것을 알게 되면서 다양한 조절 스위치에 대한 이해가 결국은 생명 현상의 핵심을 이해하기 위한 질문임을 막 깨우쳤다.

유전체 정보 해독 이후 우리는 유전체에서 특정 유전자를 발현시키는 스위치의 조절 방법에 대한 답을 찾고 있다. 유전체 전체에서 DNA 특정 부분을 열고 닫는 정보에 대한 연구인 **후성 유전학**(epigenetics), 유전 정보로 작용하지 않고 다른 유전자의 발현을 조절할 수 있는 **스몰 RNA**(non-coding small RNA) 등에 대한 연구가 그 일부라고 할 수 있다. 또한 최근에는 유전체, 즉 DNA가 뭉쳐진 염색체가 3차원적으로 어떤 구조를 형성하는가가 중요한 조절 방법일 수 있다는 결과들도 나오기 시작했다.[1, 2]

우리가 아직 발견하지 못하고 생각하지 못한 새로운 다른 방식의 유전자 조절 메커니즘이 존재할 가능성도 있다. 아마도 이런 질문들에 대한 답을 찾고 싶다는 열망 때문에 과학자들은 '인간 유전체 쓰기' 프로젝트나 '매머드 재생' 프로그램 같은 어찌 보면 황당할 수 있는 프로젝트를 수행하겠다고 나서고 있는 것 같다. 인간 유전체를 만들거나 매머드를 재생시키는 것이 목표가 아니라 이런 연구가 수행되는 과정에서 유전체의 작동 방식에 대한 더 깊은 이해를 얻기를 기대하면서.

생명에 대해 꽤 많은 정보가 축적되고 나니 생명 과학 연구를 수행하는 방법도 바뀌고 있다. DNA의 구조가 밝혀진 이후인 20세기 후반에는 생명 현상을 하나씩 나누어 환원적으로 파고 들어가 그 현상에 관련된 유전자들을 찾고 그들의 각 기능을 규명하는 분자 생물학이 생명 과학을 주도해 왔다. 분자 생물학이 주도하던 시절, 과학 연구는 각 실험실에서 개인의 흥미를 따라 작은 스케일로 진행되었다. 그러나 21세기 유전체 시대를 맞이하며 과학 연구의 스케일이 변하고 있다고 느낀다.

이제 개인, 각 실험실의 독립적인 연구로 문제를 풀기가 점점 더 어려워지고 있다. 생명체에 대한 정보가 많이 축적됨에 따라 축적된 데이터로부터 생명 현상에 대한 예측을 이끌어 내는 컴퓨터 과학, 정보 과학과의 연계가 꼭 필요해졌다. 또 하나의 유전자에 집중하기보다 관련된 유전자 전체를 찾아내 이들이 연계하는 퍼즐을 짜 맞추는 식으로 많은 연구가 진행되고 있다. 즉 환원적, 미시적 접근에서 큰 규모로 전체 시스템을 이해하려는 거시적 접근으로 바뀌어 가고 있는 것이다. 또 기존 실험 방법들의 한계를 극복하고 정확한 생명 현상을 규명하기 위해 수학, 물리, 화학, 전자 공학, 재료 공학, 컴퓨터 공학 등 다양한 분야와 협력하고 공동 연구를 할 수밖에 없는 상황이 되었다. 이런 방법적 전환으로 인해 크레이그 벤터의 『빛의 속도로 나아가는 생명』 제목처럼, 물론 빛의 속도에는 미치지 못하지만 정말 빠른 속도로 생명 과학에 대한 지식들이 축적되고 있다.

유전체 시대 생명 과학 연구의 또 다른 특성은 순수 과학과 임상 의학의 긴밀한 연결이다. 예전에도 기초 의학과 생명 과학에 대한 연구가 계속 있어 왔지만 기초 연구가 임상에 적용되는 속도는 매우 느렸었다. 독자 여러분도 이 책을 읽으면서 느꼈겠지만 이제 실험실에서의 연구 결과는 즉시 임상의 치료법과 치료제로 연결되는 시대로 바뀌고 있다. 이런 추세는 각 개인의 유전 정보와 질병 상황에 맞추어 치료법을 찾는 맞춤 의학에 의해 앞으로 더 가속화될 전망이다.

이런 추세에는 명암이 있다. 연구와 질병 치료가 긴밀히 연결된다는 점은 매우 바람직하지만 반대로 당장 질병 치료나 경제적 응용이 어려워 보이는 순수한 생명 현상에 대한 연구는 매우 위축될 수 있기 때문이다. 그리고 이런 우려는 현실로 나타나고 있다. 이런 경향은 세계적이지만, 과학 연구의 주제에도 쏠림 현상이 극심한 우리나라에서 특히 심각하게 나타나고 있는 상황이다. 그러나 과학 연구의 혁신은 많은 경우 그때 최고로 '핫한' 연구 분야가 아닌 엉뚱한 곳에서 오는 경우가 많았다. 그 대표적인 예가 이 책의 반 이상을 차지한 CRISPR이다.

CRISPR는 유전자 가위를 찾는 과정에서 알려진 것이 아니라 세균의 면역 현상을 통해 알려지게 된 경우다. 생명 현상 연구의 혁신을 가져온 녹색 형광 단백질(green fluorescence protein, GFP)도 유사한 경우이다. 독자들 중 생물학에 관심이 있는 분은 형광 쥐처럼 형광을 내는 동물을 한번쯤 본 적이 있을 것이다. GFP 유전자를 다른 유전자 앞이나 뒤에 붙여 발현시키면 유전자에서 발현된 단백질이 세포나 몸의 어디에서 발현되는지 쉽게 알아낼 수 있으므로 이 방법도 생명 과학 연구의 많은 혁신을 가져왔다. 그러나 이 유전자도 많은 사람의 관심 밖이었던 바다에서 빛을 내는 해파리 연구를 통해 알려졌다. 이런 이유로 유용한 쪽일 것이라고 방향을 예상하고 과학 연구를 몰아가는 것은 위험할 수도 있다. 따라서 어떤 과학 정책을 가지고 가는 것이 옳은가 역시 결정하기가 쉽지 않다.

포스트 게놈 시대라는 21세기, 생명 과학 연구를 지원하는 방법도 바뀌고 있다. 20세기까지 대부분의 나라에서 생명 과학 연구는 주로 국민이 낸 세금으로 국가에서 지원하는 연구비로 이루어졌다. 그러나 생명 과학 연구의 응용 가능성이 높아지고 임상과 순수 연구의 연결이 긴밀해지면서 수많은 벤처들이 만들어져 투자 자금이 몰리고 있다. 이제 더 이상 과학 연구의 방향이 정부의 연구비 지원에 의해 정해지는 것이 아니라 자본, 즉 인간의 욕망에 의해 정해지게 되었다. 또한 지금까지 인간 유전체 계획처럼 많은 연구비가 투자되는 거대 과학 프로젝트는 정부의 주도로 컨소시엄을 만들어 진행했다. 그러나 이 책에서 언급한 인간 유전체 쓰기나 매머드 재생 프로젝트들은 정부에 의존하는 방식이 아니라 프로젝트에 관심 있는 민간 투자자들과 기부자들이 재단을 만들어 연구를 지원하는 새로운 방식으로 진행되고 있다. 이런 변화 속에서 정부의 입김은 점점 더 약해질 것이고 규제는 쉽지 않아질 것으로 보인다.

책을 마치면서 이야기하지만, 이 책을 쓰는 과정이 쉽지 않았다. 「프롤로그」에서 언급했듯 이 책은 프레시안에 「송기원의 포스트 게놈 시대」라는 이름으로 연재되었던 칼럼을 바탕으로 엮었다. 합성 생물학과 유전자 가위는 모두 연구가 매우 빨리 진행되는 분야여서 연재할 때와 책으로 엮는 사이 추가적인 연구가 진행되어 상황이 바뀐 경우가 많았다. 계속 내용을 보완하고 덧붙여야 했다. 또 편의상 합성 생물학, 유전자 가위, 세포 치료로 주제를 나누었으나 이들은 각각 나눌 수 있는 분야들이 아니었다. 모두 서로 연결되어 있는 이야기였고 그 연결 고리의 핵심에 유전체를 의도대로 편집할 수 있는 새로운 기술인 CRISPR가 있었다. 또한 이 책의 내용 중 일부는 필자가 다양한 전공의 학자들과 공동 저술한 『생명과학, 신에게 도전하다』(김응빈 외, 동아시아, 2017년)에 요약되어 실리기도 했다. 혹 유사한 내용이 되풀이되어 진부하다고 느낀 분들이 있었다면 양해를 구한다. 쉽게 쓰려 노력했지만 최전방의 연구 결과들을 글로 쓰다 보니 내용이 어렵다고 느낀 독자들도 있을 것 같다. 그분들께도 이해를 부탁드린다.

노벨상 여부가 훌륭한 과학인가를 판단하는 데 중요하다고는 생각하지 않는다. 그러나 우리 사회는 노벨상에 대한 집착과 관심이 커서 많은 분께서 내게 CRISPR가 왜 아직 노벨상을 받지 못하는

지 물으셨다. 그래서 여기 짧게 덧붙인다. CRISPR가 생명 과학 분야에 가져온 파장이 너무 크기에 2015년부터 많은 사람들이 CRISPR가 노벨상을 수상할 것이라는 예측을 해 왔다. 그러나 2018년에도 그 예측은 어긋났다. CRISPR의 파급 효과는 놀랍지만 노벨상은 파급 효과에 따라 결정되는 것은 아닌 것 같다. 그 발견이 얼마나 새로운 발견인가가 중요하다. CRISPR가 세균의 적응 면역 시스템을 밝힌 공로라면 새로운 연구 결과가 될 수 있어 어쩌면 노벨상을 받을 수 있을 것 같다. 그러나 유전자 가위 기술인 CRISPR로 노벨상을 받기는 어려울 것이다. 왜냐하면 유전자 가위 기술은 글에서도 설명한 대로 제한 효소 이후로 계속 발전해 왔기 때문이다. CRISPR가 노벨상을 받는다면 이전 징크 핑거, 탈렌 모두 진보된 형태의 가위였으니 노벨상을 줘야 할 수도 있다.

21세기 생명 과학은 과학의 영역뿐 아니라 비과학의 영역인 자본, 윤리, 종교 등의 영역에서 우리에게 많은 질문을 쏟아 내고 있다. 생명 과학을 공부하는 나도 쏟아지는 이 질문들이 버겁다고 느낀다. 빠르게 변화하는 연구 환경 속에서 과학자로서 내 실험실의 연구를 어떤 방향으로 끌고 가야 하는가도 고민이고, 또 한 인간으로서 이런 변화들을 어떻게 수용해야 하는지 늘 질문이 머릿속에서 떠나지 않는다. 나와 같이 질문의 홍수 속에 선 여러분이 나름의 길을 찾아가는 데 이 책이 조그만 도움이라도 되었으면 하는 간절한 바람이다.

특별 기고 2020년 노벨상에 부쳐

CRISPR 유전자 가위는 발명 직후부터 생명 과학 분야뿐만 아니라 사회, 경제 전 영역에서 엄청난 파급 효과를 일으켰다. 그래서 2013년 이후 많은 이들이 매해 CRISPR의 노벨상 수상을 점쳐 왔다. 또 만약 CRISPR 연구에 노벨상이 주어진다면 누가 그 상을 받게 될지도 세계적으로 큰 관심사였다. 이 책에 설명한 대로 CRISPR의 생리 기능과 작용 기전 및 유전자 가위로서의 응용성은 여러 연구자의 다양한 연구를 통해 입증되었기 때문이다. CRISPR가 발견되기 전 이보다는 효율이 많이 떨어지지만, 탈렌 등 유전체에 적용할 수 있는 다른 유전자 가위들이 발견되고 이용되기도 했었기에 유전자 가위 연구 전체가 노벨상을 받으리라는 예측도 있었다.

마침내 2020년 노벨상 위원회는 CRISPR-Cas9 유전자 가위 시스템의 작동 기전을 처음 규명한 엠마누엘 샤르팡티에와 제니퍼 다우드나에게 노벨 화학상을 수여한다고 발표했다. 생리·의학상이 아닌 화학상인 것도 약간 의외였고, 위원회는 수상을 발표하면서 "유전체 편집의 방법 개발"의 공로에 상을 수여한다고 명시했다. 따라서 세균에서 CRISPR 유전자의 적응 면역 가능성을 처음 제시한 스페인의 과학자 프란시스코 모히카(Francisco Mojica)나 이를 처음 입증한 다니스코의 바랑구 등은 수상에서 제외되었다. 또 유전자 가위를 인간 등 포유동물 세포에 적용할 수 있다는 것을 처음 보인 MIT의 장펑 교수도 수상하지 못했다. 결국 노벨상은 샤르팡티에와 다우드나가 공동으로 2012년 《사이언스》에 발표한 논문의 발견 내용에 수여된 것이라고 보아야 할 것 같다. (12장 참조)

샤르팡티에는 프랑스 출신 과학자로 현재는 독일 막스 플랑크 연구소 병원균 연구부의 교수로 주로 병원성 미생물의 병원성 발현 기전에 대한 연구를 진행해 왔다. 그녀는 병원성 미생물에서 발현되는 단백질에 대한 정보로 사용되지 않는 비번역 RNA(noncoding RNA)의 기능에 대한 연구 과정에서 트랜스 활성화 CRISPR RNA(trans-activating CRISPR RNA, tracrRNA)로 불리는 새로운 작은 RNA를 처음 발견했다. 원래 구조 연구자였던 다우드나는 생화학 반응에서 촉매의 기능을 수행할 수 있는 RNA 분자의 구조와 생리적 기능을 연구했다. 이 두 연구자는 2011년 미생물학회(American Society for Microbiology Conference)에서 우연히 만나 공동 연구를 시작했고 빠르게 CRISPR 유전자 가위의 작용 기전을 규명할 수 있었다. 둘의 공동 연구로 발표된

2012년 《사이언스》 논문은 CRISPR 유전자에서 발현되는 crRNA와 그 위쪽에 있는 부분에서 만들어지는 tracrRNA, 이 두 RNA의 부분적 염기 서열 간 결합을 통해 형성된 구조가 Cas9을 표적 DNA의 염기 서열로 유도해 DNA 이중 나선을 절단하게 한다는 것을 보였다. 또 이 시스템을 편리하게 만들기 위해 인위적으로 tracrRNA와 crRNA를 합체한 형태로 만들어도 Cas9의 염기 서열 특이적인 절단 기능은 그대로 유지됨을 보였다. 따라서 이 논문은 CRISPR 시스템을 RNA 프로그래밍을 통해 특정 위치의 DNA를 자르는 유전체 편집에 일반적으로 사용 가능하리라고 예측했다. 그리고 그들의 예상대로 이 시스템은 다양한 생명체의 유전체 편집에 손쉽게 적용되었고 생명 현상 연구와 그 응용 분야에서 혁명적 결과를 가능하게 했다.

노벨상 역사에서 여성 과학자들만이 과학 분야의 상을 받은 것이 이번이 처음이라고 한다. 여성 과학자가 주류 과학계에서 인정받고 독립적인 연구자로 뿌리내리는 것이 상대적으로 쉽지 않다. 미국에서 전형적인 엘리트 코스를 따라 경력을 쌓아 온 다우드나와는 달리, 샤르팡티에는 CRISPR 연구로 안정된 자리를 얻기까지 박사 학위 이후 20년간 5개국 9개의 다른 연구 기관에서 임시직의 연구 교수로 경력을 쌓아 왔다. 짧게 짧게 주어지는 불안정한 연구비로 연구를 지속하며 이런 훌륭한 발견을 해냈기에 더욱 존경스럽다. 한 사람의 여성 과학자로서 이들의 연구와 수상이 정말 자랑스럽고 진심으로 경의를 표한다.

2020년 10월

더 읽을거리

크레이그 벤터의 *Life at the Speed of Light: From the Double Helix to the Dawn of Digital Life*, Viking, 2013; 조지 처치의 *Regenesis: How Synthetic Biology Will Reinvent Nature and Ourselves*, Basic Books, 2012. 두 책 모두 한국어로 번역되지 않았지만 현재 생명 과학 연구의 방향을 제시하고 있는 가장 중요한 과학자인 벤터와 처치의 책이다. 그것이 옳건 옳지 않건, 동의하건 동의하기 불편하건, 현재 첨단에 서 있는 과학자들이 가지고 있는 생각과 비전을 엿볼 수 있는 책들이다.

의사이자 유전학자인 셔먼 엘리아스(Sherman Elias)와 법학자인 조지 아나스(George Annas)가 함께 쓴 *Genomic Messages: How the Evolving Science of Genetics Affects Our Health, Families, and Future*, Harper One, 2015. 유전체에 대한 최근의 지식을 포함해 유전체 치료,

사회적 이슈 등에 대해 비전문가도 쉽게 따라갈 수 있도록 평이하게 쓰면서도 핵심을 놓치지 않았다. 역시 한국어로 번역되지는 않았다.

힐러리 로즈, 스티브 로즈, 『급진과학으로 본 유전자 세포 뇌(*Genes, Cells and Brains*)』(김명진, 김동광 옮김, 바다출판사, 2015년). 최첨단의 생명 과학 발전이 지니고 있는 문제점들을 논의한 책이다. 균형 잡힌 시각을 위해 앞의 책들과 비교하면서 보면 여러 가지 생각거리와 다른 시각을 제공한다.

카우시크 순데르 라잔, 『생명자본(*Biocapital*)』(안수진 옮김, 그린비, 2012년). 생명 과학은 더 이상 순수 과학이 아니다. 자본주의와 맞물린 생명 연구의 영역이 사회에 어떤 영향을 주고 어떻게 작동하고 있는지 경제학, STS(과학 기술학) 측면에서 분석한 책이다.

케빈 데이비스, 『천달러 게놈(*$1,000 Genome*)』(우정훈, 박제환, 금창원 옮김, MiD, 2013년). 인간 유전체 계획 이후 유전체 연구가 어떻게 진행되어 왔는가에 대한 유익한 정보를 제공한다.

네사 캐리, 『유전자는 네가 한 일을 알고 있다(*The Epigenetics Revolution*)』(이충호 옮김, 해나무, 2015년). 유전체 해독 이후 생명 과학뿐 아니라 심리학 등 여러 분야에서 새로운 관심사로 떠오른 후성 유전학에 대한 전반적인 연구 동향과 흐름을 읽을 수 있는 대중 과학서이다.

매트 리들리, 『생명 설계도, 게놈(*Genome*)』(이동희, 전성수, 하영미 옮김, 반니, 2016년). 인간 유전체 계획 막바지에 나온 책으로 인간 유전체를 구성하고 있는 23개 염색체로 각 챕터를 나누고 각 염색체에 대한 이야기를 풀어 냈다. 아주 오래된 책이라고도 할 수 있고 또 그 이후 연구에 의해 틀렸다고 밝혀진 부분도 있으나 지금 읽어도 여전히 잘 쓴 책이다.

송기원, 『송기원의 생명 공부』(사이언스북스, 2024년). 내가 쓴 졸저이지만 생명 현상에 대해 전반적인 그림을 그리고 싶은 비전문가 독자에게 추천한다.

송기원, 『RNA 특강』(사이언스북스, 2024년). 사람을 대상으로 하는 RNA 백신의 성공 이후, 넘쳐나는 정보 속에 우리가 꼭 알아야 하는 지식을 담은 입문서다.

용어 해설

가이드 RNA(guide RNA) CRISPR 유전자 가위로 자르고자 하는 유전체 부분의 21개 뉴클레오타이드 염기 서열에 상보적인 염기 서열을 가지고 있는 RNA이다. 이 RNA가 CRISPR-Cas9 유전자 가위로 절단할 유전체의 위치를 지정할 수 있다.

닉(nick) DNA 이중 나선 중 한 가닥의 내의 DNA를 구성하는 뉴클레오타이드 연결 부분이 끊어진 상태.

다면 발현 현상(pleiotropy) 하나의 유전자가 2개 이상의 표현 형질에 영향을 미치는 현상이다.

동원체(centromere) 염색체 상의 특정 부분으로, 복제된 염색체가 분리되기 전까지 서로 붙어 있는 부분이다. 세포가 자기 복제를 수행하는 유사 분열 과정에서 동원체에 방추사가 붙어 복제된 염색체를 만들어진 두 딸세포 각각으로 이동시킨다.

레트로바이러스(retrovirus) 바이러스 중 RNA를 유전 정보로 갖는 바이러스를 총칭한다. 이런 바이러스의 유전 정보가 DNA를 유전 정보로 갖는 숙주 세포에서 작동하기 위해서는 RNA를 주형으로 다시 DNA를 합성하는 과정이 필요하다. 이 과정을 위해 바이러스는 역전사 효소(reverse transcriptase)를 갖고 있고 이를 RNA 유전 정보와 함께 숙주 세포로 주입한다. 우리가 잘 알고 있는 후천성 면역 결핍증(AIDS)을 일으키는 HIV가 대표적인 레트로바이러스 중 하나이다.

바이오매스(biomass) 다양한 에너지원을 사용할 수 있는 미생물과 태양 에너지를 이용해 유기물을 합성하는 식물 및 이를 이용해 생존하는 동물 등 생물 유기체를 총칭한다. 좁은 의미로는 이들 중 화학 공업의 원료로 이용되는 생물을 지칭하기도 한다.

바이오필름(biofilm) 일반적으로 세균이 표면에 붙어 자라서 막을 형성한 경우를 지칭한다. 치아의 플라크도 바이오필름의 한 예다. 최근에는 이런 바이오필름을 세균에 의해 생성되는 다양한 화학물들을 생산하는 공장처럼 이용하고자 하는 시도가 이루어지고 있다.

박테리오파지(bacteriophage) 세균을 숙주로 하는 바이러스를 총칭한다.

배아 줄기 세포(embryonic stem cell) 수정 4~5일 후 수정란은 세포 분열을 통해 50~150개의 세포로 구성된 배반포를 형성한다. 이때 배반포 내부에는 앞으로 발생해 배아를 형성할 내세포 덩어리(inner cell mass)가 존재하는 바, 이 세포들을 추출해 배양한 세포를 배아 줄기 세포라 한다. 배아 줄기 세포는 신체의 모든 조직으로 분화할 수 있는 능력을 갖는 만능 줄기 세포이다.

벡터(vector) DNA 재조합 과정에서 유전자를 인위적으로 다른 세포에서 복제하고 발현시키기 위해 세포 내부로 외부 유전자를 전달하는 데 사용되는 DNA 분자를 말한다. 원래 세균이 가지고 있던 플라스미드라는 원형의 DNA 조각이나 바이러스 등이 주로 벡터로 개발되어 이용되고 있다.

사이토카인(cytokine) 면역 세포가 만들어 분비하는 단백질의 총칭으로 혈액 속에 존재하며 다양한 면역 세포의 분열이나 분화를 촉진하는 기능을 수행한다.

성체 줄기 세포(adult stem cell) 개체가 완전히 발생해 성체가 된 후 각 조직에서 발견되는 미분화된 줄기 세포를 총칭한다. 성체 줄기 세포는 분열해 자신을 유지할 수 있는 기능과 분화해 특정 조직의 세포를 만들어 낼 수 있는 능력을 가지고 있다.

수지상 세포(dendritic cell) 포유류의 면역 세포 중 한 종류로 병원균 물질을 처리해 세포 표면에 제시함으로써 다른 면역 세포들이 감지할 수 있도록 항원을 전달하는 기능을 수행한다.

스몰 RNA(non-coding small RNA) 유전자에서 전사된 RNA 중 단백질에 대한 정보를 갖고 있지 않은 수십 뉴클레오타이드 이하 크기의 작은 RNA를 통칭한다. 일반적으로 이 RNA들은 특정 유전자가 전사된 표적 mRNA의 파쇄나 단백질로의 발현을 조절하는 것으로 알려져 있다.

시스템 생물학(systems biology) 컴퓨터와 수학적 모형화를 통해 생물계 내의 복잡한 상호작용을 연구하는 새로운 생물학을 말한다. 특히 세포, 조직, 기관 등의 기능을 관계된 모든 대사 및 신호 전달계의 네트워크로 인식하는 접근법이다.

염기쌍(base pair, bp) DNA의 단위인 뉴클레오타이드 내에 있는, DNA 이중 나선을 유지하기 위해 수소 결합을 하고 있는 염기들을 간단히 염기쌍이라고 칭한다.

염기 서열(base sequence) DNA는 데옥시뉴클레오타이드가 연결되어 이루어지고 DNA를 이루는 데옥시뉴클레오타이드는 인과 5개의 탄소로 이루어진 오탄당인 데옥시리보스에 시토신(cytosin), 티민(thymine), 아데닌(adenine), 구아닌(guanine) 네 종류의 염기 중 하나가 결합되어 있다. DNA의 염기 서열은 데옥시뉴클레오타이드의 서열을 말하는데 공통 부분인 인과 당 부분을 제외한 부분을 그냥 염기 서열이라고 칭한다.

오가노이드(organoid) 소형 장기 또는 미니 장기로 번역되며, 실험실에서 인체 조직의 세포,

배아 줄기 세포, 또는 유도 만능 줄기 세포를 만들고자 하는 특정 장기로 분화시킬 수 있는 배지 조건에서 3차원 배양을 통해 얻어진다. 배양 조건에서 인체 내 특정 장기를 구성하는 다양한 세포로 스스로 분열하고 분화되어 특정 장기의 핵심 구조와 기능을 모방해 수행할 수 있다.

올리고뉴클레오타이드(oligonucleotide) DNA를 구성하는 뉴클레오타이드가 한 줄로 짧게 몇 개 연결된 조각을 말한다. 올리고뉴클레오타이드는 DNA에서 상보적 염기 서열을 갖고 있는 부분과 결합해 세포 내에서는 DNA 복제, 그리고 실험실에서는 중합 효소 연쇄 반응의 시작을 가능하게 한다.

유도 만능 줄기 세포(induced pluripotent stem cell) 역분화 줄기 세포라고도 하며 성체의 조직에 존재하는 분화된 체세포에 역분화를 유도하는 3~4가지의 특정 유전자(이를 처음 발견하고 이 공로로 2012년 노벨상을 수상한 일본 과학자 야마나카 신야 교수의 이름을 따서 야마나카 팩터라고 불린다.)를 인위적으로 발현시켜 배아 줄기 세포처럼 다양한 조직의 세포로 분화할 수 있는 만능성을 갖도록 만든 세포를 말한다.

유성 생식(gamogenesis) 정자와 난자같이 암수 구별이 있고 유전체의 반쪽을 갖는 두 생식세포가 결합해 새로운 개체를 만드는 생식 방법이다. 무성 생식의 반대 개념이다.

유전 공학(genetic engineering) 생명체의 유전자를 인위적으로 조작해 인간에게 이득이 되는 개체나 부산물을 얻기 위한 기술을 통칭한다. DNA 재조합 또는 유전자 재조합 기술과 같은 의미로 사용된다.

유전자 가위 기술(genome editing technology) DNA로 이루어진 유전자의 데옥시뉴클레오타이드 사이를 절단할 수 있는 방법으로 제한 효소에서 시작해 징크 핑거 뉴클레아제, 탈렌, CRISPR 모두 유전자 가위 기술이다.

유전자 드라이브(gene drive) 특정 표현형(phenotype)을 결정하는 특정 유전형(genotype)이 세대를 거치며 일반적인 멘델의 법칙을 따르지 않고 우선적으로 유전될 수 있도록 하는 방법을 말한다. 즉 어떤 유전 요소가 번식 과정을 통해 부모에서 자손으로 전해지는 능력이 증강된 편향 유전(biased inheritance) 시스템이다. 이 방법으로 특정한 유전 형질이 후세대에 선택적으로 빠르게 퍼지도록 해 결국에 생물 종 전체 개체의 유전자 구성을 바꿀 수도 있다.

유전자 분리 기술(gene cloning) 특정 유전자에 대한 DNA 조각을 분리해 운반체(벡터)에 DNA를 삽입한 후 이 벡터에 있는 상태의 단일 유전자를 세포에 넣어 증가시키는 것을 의미한다. 주로 배양이 쉬운 세균 세포가 많이 이용된다.

유전자 재조합(gene recombination) DNA 재조합이라고도 불리며, 특정 유전 형질을 갖는 유전자를 삽입하거나 제거하거나 원하는 형태로 치환하는 등의 조작을 통해 새로운 유전자들의 조합을 갖는 개체를 만드는 것이다.

유전자 조작 생명체(genetically modified organism, GMO) 생식이라는 방법으로는 유전 정보를 교환할 가능성이 전혀 없는 다른 생물의 특정 유전자를 기존의 생물에 유전 공학적 방법으로 삽입해 발현되도록 만든 생명체를 총칭한다.

유전자 치료(gene therapy) 유전자의 이상으로 질병이 발병하는 경우 비정상 유전자를 정상 유전자나 새로운 기능이 추가된 유전자로 대체시켜 질병을 치료하는 방법.

유전체(genome) 한 개체가 가지고 있는 유전 정보 전체.

유전형(genotype) 동일 유전자라도 DNA의 변이에 따라 다양한 유전자형이 존재할 수 있다. 유전형은 생명체 각 개체가 가지고 있는 유전자형들의 조합을 말한다.

이형 접합체(heterozygote) 유성 생식을 하는 생명체는 특정 유전자에 대해 부계와 모계로부터 받은 각각의 유전자 한 쌍을 가지고 있는데, 이 한 쌍 유전자 각각의 유전자형(즉 유전자의 DNA 염기 서열)이 다른 경우를 말한다.

인간 면역 결핍 바이러스(HIV) 인간의 일부 백혈구 T 면역 세포를 숙주로 하는 레트로바이러스다. 이 바이러스는 면역 세포를 숙주로 하므로 이들에 감염되면 면역 세포가 파괴되어 정상적인 면역 반응을 수행할 수 없고 면역 결핍 증상이 나타난다.

인간 유전체 계획(human genome project, 휴먼 게놈 프로젝트) 인간 유전체 약 30억 DNA 데옥시뉴클레오타이드 염기쌍의 서열을 밝히고자 하는 목적으로 1990년부터 2003년까지 미국을 중심으로 영국, 일본, 독일, 중국, 프랑스 등이 참여한 거대 국제 과학 연구 프로젝트다. 약 30억 달러의 예산이 소요되었다.

인트론(intron) 진핵 세포 유전자의 경우 유전자의 DNA 염기 서열 중간중간에 실제로 단백질에 관한 정보를 제공하지 않은 부분이 섞여서 존재하는데 이 부분을 인트론이라고 한다. 유전자에서 단백질에 대한 정보를 직접 제공하는 부분은 엑손(exon)이라 한다. 유전자가 전사되어 mRNA 형태로 만들어지는 과정에서 인트론 부분은 잘려서 제거되고 엑손끼리 연결된다.

자연 살해 세포(natural killer cell) 항원에 비특이적인 선천 면역 또는 1차 면역 반응을 수행하는 중요한 면역 세포다. 보통 바이러스나 병원균에 감염된 세포나 암세포를 공격하는 것으로 알려져 있다.

전구체(前驅體, precursor) 생명체의 물질 대사 경로에서 특정 물질이 생성되기 위해 필요한 원료 물질.

전사(transcription) 유전자의 DNA 염기 서열 정보를 단백질로 발현하기 위해 먼저 그 염기 서열에 따라 RNA를 합성해 유전 정보를 읽어 내는 것을 전사라고 한다.

전사 인자(transcription factor) 염색체의 형태로 존재하는 유전체에서 특정 유전자가 발현될 수 있도록 전사 과정을 수행하고 조절하는 단백질 인자를 총칭한다.

제한 효소(restriction enzyme) DNA 이중 나선의 특정 염기 서열을 인식해 그 서열 내부나 주변을 절단하는 반응을 촉매하는 효소이다. 핵산 내부 분해 효소의 일종으로 원래 세균이 침입하는 외부 DNA로부터 자기 방어 메커니즘으로 가지고 있던 효소이다.

중합 효소 연쇄 반응 (polymerase chain reaction, PCR) DNA의 원하는 부분을 실험실에서 복제·증폭시킬 수 있는 효소 반응으로 가장 광범위하게 사용되는 분자 생물학적 방법 중 하나이다. 시험관에 증폭시키고자 하는 DNA 조각과 DNA를 구성하는 4종의 데옥시뉴클레오타이드, 프라이머라고 하는 작은 DNA 조각, 그리고 열에 안정한 데옥시뉴클레오타이드로부터 DNA를 합성하는 중합 효소를 넣고 온도만 높이고 낮추는 사이클을 반복해 쉽게 원하는 DNA 조각을 증폭해 얻어 낼 수 있는 방법이다.

진핵 세포(eukaryote) 세포의 유전체가 막으로 둘러싸인 핵 내에 있는 세포를 총칭한다. 즉 진짜 핵을 가지고 있는 세포를 일컫는 말로, 대비되는 용어는 유전체를 따로 핵이란 구조 속에 가지고 있지 않은 원핵 세포이다.

징크 핑거 가위(zinc finger nuclease, ZFN) 특정 단백질에 존재하는 아연을 중심에 가지고 있고 몇 개의 DNA 염기쌍을 인식해 결합할 수 있는 기능 영역을 지칭한다. 이 부분의 단백질 3차 구조가 손가락처럼 생겼다고 해 이런 이름이 붙었으며 주로 유전자 발현을 조절하는 전사 인자들에 존재한다. 염기쌍을 인식해 DNA에 결합할 수 있는 특징을 가지므로 여기에 인위적으로 DNA를 자를 수 있는 뉴클레아제를 붙여 징크 핑거 뉴클레아제 유전자 가위를 만들었다.

차세대 염기 서열 해독 기술(next generation sequencing, NGS) 유전체 DNA의 염기 서열을 고속으로 분석하는 방법으로 기존 염기 서열 분석 방법이었던 생어 염기 서열 해독(Sanger sequencing)을 기초로 회사마다 이를 다양하게 응용해 유전체의 수많은 DNA 조각들을 병렬로 동시에 읽어 내고 그 결과를 컴퓨터로 조합하는 기술이다. 이 기술의 개발로 유전체 분석 비용이 급격히 낮아져 유전체 정보 시대가 가능하게 되었다.

탈 이펙터(TAL effector) 원래 산토모나스(*Xantomonas*)라는 세균에서 분비되어 이 세균이 식물을 감염시킬 때 식물에서 세균 감염을 돕는 유전자들을 발현을 활성화시키는 기능을 하는 단백질로 발견되었고 그 후 다른 몇몇 미생물에서도 발현이 확인되었다. 이 단백질은 약 34개 정도의 아미노산 서열이 반복되어 나타나고, 각 반복된 서열 중심에 위치한 2개의 아미노산은 식물의 특정 DNA 염기쌍을 인지하고 결합할 수 있는 특성이 있다. 따라서 이 중심의 두 아미노산을 인위적으로 다른 아미노산으로 바꾸어 인지하는 DNA 염기쌍을 바꿀 수 있고 이 반복되는 아미노산 서열을 늘려 8~12개 정도의 DNA 염기 서열을 인식해 결합하도록 디자인할 수 있다.

탈렌(transcription activator-like effector nucleases, TALEN) 탈 이펙터에 인위적으로 DNA를 절단할 수 있는 효소인 뉴클레아제를 결합시켜 제작한 유전자 가위를 지칭한다.

텔로미어(telomere) 염색체의 양쪽 맨 끝 부분을 말하며 이 부분에는 유전자가 존재하지 않는다. 염색체는 풀면 아주 긴 하나의 DNA 이중 나선이며 맨 끝부분의 DNA는 DNA가 복제될 때마다 조금씩 유실된다. 세포가 염색체의 복제를 통한 자기 분열을 여러 번 수행할수록 이 부분이 짧아지기에 텔로미어의 길이는 세포의 노화 정도, 즉 얼마나 여러 번 분열했는지 알 수 있는 척도로 이용된다. 이 부분의 DNA를 복제하기 위해서는 텔로머레이스(telomerase)라는 특별한 효소가 필요하고 이 효소는 염색체 정보가 절대 소실되면 안 되는 생식 세포에서 주로 발현된다.

트랜스포존(transposon, 전위 인자) 유전체 내에 존재하는, 한 세포의 유전체 내에서 새로운 위치로 옮겨갈 수 있는 DNA 염기 서열을 일컫는다. 이미 존재하는 염기 서열을 그대로 두고 새로운 위치에 복사본을 만드는 종류와 이미 존재하는 것이 잘려 새로운 위치로 옮겨가는 두 종류가 있다.

표적 이탈 효과(off-the-target effect) 유전자 가위가 원래 자르고자 의도했던 유전체 부분이 아닌, 즉 표적이 아닌 임의의 다른 부분을 절단하는 것을 말한다.

표현형(phenotype) 생명체에서 겉으로 드러나는 여러 가지 특성을 말한다. 각 개체가 가지고 있는 유전자형들의 조합과 환경의 상호 작용에 의해 결정된다.

프라임 에디팅(prime editing) 기존 CRISPR/Cas9 유전자 가위의 정확도와 표적 이탈 효과를 획기적으로 줄일 수 있도록 개발된 유전체 교정/편집 시스템. 프라임 에디팅은 표적 부분에 닉(nick)을 만들고 DNA 합성을 가능하게 하는 새로운 가위인 프라임 에디터(PE)와 표적 교정하고자 하는 DNA 염기 서열에 대한 정보를 포함하는 긴 가이드 RNA(guide RNA)를 이용한다.

플라스미드 벡터(plasmid vector) 플라스미드는 세균의 DNA로 이중 나선 구조가 원형으로 연결된 작은 DNA이다. 이 DNA 내에 유전자를 몇 개 집어넣어 다른 세균에게 전달할 수 있어 세균이 유전자 교환에 이용하던 수단이었다. 이를 분자 생물학에서 세균에 의도한 외부 유전자를 쉽게 집어넣고 세균에 전달할 수 있도록 유전자 전달 매개체로 개발한 것이다.

합성 생물학(synthetic biology) 생물학에 공학적 관점을 도입해 세계에 존재하지 않는 생물 구성 요소와 시스템을 설계하고 제작하거나 자연 세계에 존재하는 생물 시스템을 재설계해 변형시키는 것을 포함하는 21세기의 새로운 학문 체계다.

핵산 내부 분해 효소(endonuclease) 데옥시뉴클레오타이드가 연결되어 이루어진 DNA 이중 나선 구조에서 연결된 데옥시뉴클레오타이드 사이를 자르는 효소를 핵산 가수 분해 효소라고 한다. 핵산 가수 분해 효소 중 DNA 중간 부분의 데옥시뉴클레오타이드 사이를 자르는 효소는 핵산 내부 분해 효소(endonuclease), 맨 끝의 데옥시뉴클레오타이드를 잘라내는 효소는 핵산 말단 분해 효소(exonuclease)라고 한다.

후성 유전학(epigenetics) 후생 유전학이라고도 하며 DNA 염기 서열이 변화하지 않은 상태에서 유전자의 발현이 조절되는 현상을 말한다. 유전 정보인 DNA로 이루어진 염색체의 패킹(packing) 및 3차 구조와 공간적 구조에 의해 영향을 받는 것으로 알려지고 있다.

후천성 면역 결핍증(AIDS) 백혈구 면역 세포가 HIV 바이러스에 감염되어 후천적으로 정상적인 면역 반응이 일어나지 않는 질병이다.

CAR-T(chimeric antigen receptor-T) T 면역 세포의 표면에 발현되는 항원과 결합하는 수용체의 유전자를 조작해, 수용체 단백질 중 항원 결합 부분을 인위적으로 변형시켜 암세포의 표면에 발현되는 단백질을 항원으로 인식하도록 제작한 T 세포를 말한다. 항암 면역 세포 치료제의 일종이다.

CRISPR-Cas9 세균과 고세균의 적응 면역 시스템으로 발견되었다. CRISPR(Clustered Regularly Interspaced Short Palindromic Repeats)는 바이러스 등 외부에서 침입한 유전자의 21개

염기 서열을 저장하는 세균의 유전자를 일컫는다. 이 저장된 유전 정보는 RNA로 발현되어 Cas9이라는 DNA를 절단하는 효소와 복합체를 만든다. 후에 동일한 염기 서열의 외부 유전자가 다시 침입할 경우 그 바로 뒤 부분을 Cas9이 절단한다. 바이러스 유전자뿐만 아니라 자르고자 하는 임의의 DNA 염기 서열을 CRISPR 유전자의 일부로 넣어 줘 Cas9과 함께 세포에서 발현시키면 어떤 염기 서열의 DNA도 자를 수 있어 매우 유용한 유전자 가위로 개발되었다.

DNA(deoxyribonucleic acid, 데옥시리보핵산) 지구상의 모든 생명체가 유전 정보로 사용하는 화합물로 데옥시뉴클레오타이드가 계속 연결된 DNA 가닥 2개가 꼬여 있는 이중 나선 구조를 이루고 있다. 데옥시뉴클레오타이드는 5개의 탄소로 이루어진 데옥시리보스 오탄당에 여기에 결합하고 있는 인, 그리고 시토신(cytosin), 티민(thymine), 아데닌(adenine), 구아닌(guanine) 네 종류의 염기 중 하나가 결합되어 있는 구조이다. DNA는 두 가닥의 데옥시뉴클레오타이드 염기의 무작위적 배열을 유전 정보로 이용한다. 각각의 DNA 가닥에 있는 시토신은 다른 가닥의 구아닌과, 티민은 아데닌과 수소 결합해 쌍을 이루어 이중 나선을 형성한다. 염기쌍이 정해져 있으므로 DNA의 한 가닥 염기 서열을 알면 다른 가닥의 염기 서열을 자동으로 알 수 있다.

DNA 재조합 → 유전자 재조합

HDR(homologous DNA recombination) 2개의 유사한 혹은 동일한 염기 서열의 DNA가 서로의 DNA 일부를 교환하는 방법이다. DNA의 교환을 위해서 먼저 한 DNA의 이중 나선이 잘려야 한다. 이러한 DNA 교환은 생식 세포 생성 과정에서 유전 정보의 다양성을 증가시키는 방법이며 또한 체세포에서 DNA 이중 나선이 절단되어 손상되었을 때 원상대로 복구하는 방법이다.

nCas9(Cas9 nickase) 원래의 CRISPR 유전자 가위에 사용되었던 DNA 이중 나선을 한꺼번에 자르는 Cas9을 변형시켜 DNA 한 가닥만 끊어진 상태인 닉을 만들 수 있도록 변형된 Cas9를 의미한다.

NHEJ(non-homologous end joining) 체세포에서 DNA 이중 나선이 절단되었을 때 이를 수선하는 방법이다. HDR과 달리 유사한 염기 서열의 DNA를 필요로 하지 않고 절단된 부분이 다른 절단된 DNA 끝에 그대로 연결된다. 염색체 내 유전자의 위치에 변화가 생기거나 일정한 염기 서열을 잃어버리는 등 변이가 유발될 가능성이 높은 수선법이다.

RNA(ribonucleic acid, 리보핵산) DNA와 유사한 핵산으로 5개의 탄소로 이루어진 오탄당(ribose)에 인, 그리고 시토신(cytosin), 유라실(uracil, 우라실), 아데닌(adenine), 구아닌(guanine) 네 종류의 염기 중 하나가 결합되어 있는 뉴클레오타이드가 계속 연결된 구조이다. RNA는 DNA와 달리 염기가 쌍을 이루고 있지 않으나 한 분자 내에서 부분적으로 시토신과 구아닌, 유라실과 아데닌이 염기쌍을 이루어 복잡한 구조를 만들 수도 있고 DNA의 한 가닥과 RNA의 염기가 쌍을 이룰 수도 있다.

RNA 간섭(RNA interference) 스몰 RNA에 속하는 마이크로 RNA(microRNA, miRNA)와 짧은 간섭 RNA(small interfering RNA, siRNA)가 RNA 간섭 기능을 수행하며 단백질로 번역되는 mRNA(messenger RNA)에 결합해 이들이 단백질로 번역되는 과정을 억제시키는 현상을 말한다. RNA 간섭 현상은 유전자 발현을 조절하는 하나의 방법으로 기능하며 동시에 바이러스와 트랜스포존과 같은 기생 유전자의 발현을 억제해 이들로부터 세포를 보호하는 기능을 한다.

T 세포(T cell) 인체 면역 세포 중 항원 특이적인 적응 면역 반응을 주관하는 세포이다. 흉선(thymus)에서 성숙되므로 그 영문 첫 글자를 따서 T 세포라 한다.

후주

프롤로그

1. https://www.nytimes.com/2016/05/14/science/synthetic-human-genome.html에서 관련 기사를 볼 수 있다.
2. Boeke, Jef D., et al., "The genome project-write", *Science* 353.6295, 2016. pp. 126-127. http://science.sciencemag.org/content/early/2016/06/01/science.aaf6850에서 접근 가능하다.
3. http://engineeringbiologycenter.org/.

1장 합성 생물학의 시작

1. Szybalski, Waclaw., Skalka, Ann., "Nobel prizes and restriction enzymes", *Gene* 4.3, 1978. p. 181.
2. Venter, J. Craig., *Life at the speed of light*, Viking Press, 2013. pp. 25-110.
3. Presidential Commission for the Study of Bioethical Issues., "New directions: The ethics of synthetic biology and emerging technologies", *DC: Presidential Commission for the Study of Bioethical Issues*, 2010.
4. 송기원, 「생명체 디자인의 시대」, 『생명과학, 신에게 도전하다』(동아시아, 2017년), 26쪽.
5. 송기원, 앞의 책, 27쪽.
6. 전진권, 장대익, 「합성 생물학과 성공적 융합」, 『융합이란 무엇인가』(사이언스북스, 2012년).
7. Gibson, Daniel G., et al., "Creation of a bacterial cell controlled by a chemically synthesized genome", *Science* 329.5987, 2010. pp. 52-56.
8. Hutchison, Clyde A., et al., "Design and synthesis of a minimal bacterial genome", *Science* 351.6280, 2016.
9. Venter, 앞의 책. pp. 134-138.

2장 합성 생물학의 출현

1. Schrödinger, Erwin., *What is Life?*, Cambridge University Press, 2012 reprint edition.

2. Elowitz, Michael B., Leibler, Stanislas., "A synthetic oscillatory network of transcriptional regulators", *Nature* 403.6767, 2000. p. 335.

3. Gardner, Timothy S., et al., "Construction of a genetic toggle switch in Escherichia coli", *Nature* 403.6767, 2000. p. 339.

3장 생명체의 기계화

1. Ryadnov, M., et al., *Specialist Periodical Reports Synthetic Biology volume 1*, Royal Society of Chemistry, 2014.

2. Endy, Drew., "Foundations for engineering biology", *Nature* 438.7067, 2005. p. 449.

3. World Health Organization., *World malaria report 2014*, World Health Organization, 2015.

4. Ro, Dae-Kyun., et al., "Production of the antimalarial drug precursor artemisinic acid in engineered yeast", *Nature* 440.7086, 2006. pp. 940-943.

4장 생명체 변형의 역사

1. 이 장의 일부는 필자가 공저자로 참여한 김응빈 외, 『생명과학, 신에게 도전하다』(동아시아, 2017년)에서 필자가 쓴 「인류에 의한 생명체 변형의 역사」를 발췌하고 수정한 내용이다.

5장 합성 생물학의 성과

1. 듀폰 사의 홈페이지 http://www.dupont.com에서 관련 내용을 확인할 수 있다.

2. Mazzoli, Roberto., "Development of microorganisms for cellulose-biofuel consolidated bioprocessings: metabolic engineers' tricks", *Computational and Structural Biotechnology Journal* 3.4, 2012.

6장 멸종 유전체와 동물 복원

1. Tumpey, Terrence M., et al., "Characterization of the reconstructed 1918 Spanish influenza pandemic virus", *Science* 310.5745, 2005. pp. 77-80.

2. Taubenberger, Jeffery K., et al., "Initial genetic characterization of the 1918 'Spanish'

influenza virus", *Science* 275.5307, 1997. pp. 1793-1796.

3. Kobasa, Darwyn., et al., "Aberrant innate immune response in lethal infection of macaques with the 1918 influenza virus", *Nature* 445.7125, 2007. p. 319.
4. Folch, J., et al., "First birth of an animal from an extinct subspecies (Capra pyrenaica pyrenaica) by cloning" *Theriogenology* 71.6, 2009. pp. 1026-1034.
5. Wakayama, Sayaka., et al., "Production of healthy cloned mice from bodies frozen at-20 C for 16 years", *Proceedings of the National Academy of Sciences* 105.45, 2008.
6. http://reviverestore.org/projects/woolly-mammoth/에서 해당 프로젝트의 내용을 볼 수 있다. 또 https://www.youtube.com/watch?time_continue=8&v=oTH_fmQo3Ok에서 조지 처치가 「Hybridizing with extinct species」이라는 제목으로 강연한 TED 영상을 볼 수 있다.
7. https://www.ted.com/talks/stewart_brand_the_dawn_of_de_extinction_are_you_ready/transcript에서 스튜어트 브랜드가 2013년 「탈(脫)멸종의 새벽, 그대는 준비되어 있는가(The Dawn of de-extinction. Are you ready?)」라는 제목으로 강연한 TED 영상과 원고를 볼 수 있다.
8. 엘리자베스 콜버트, 『여섯 번째 대멸종(*The Sixth Extinction*)』(이혜리 옮김, 처음북스, 2014년), 11~13쪽.
9. 이정모, 『공생 멸종 진화』(나무나무, 2015년), 265~267쪽.

7장 합성 생물학의 대중화

1. Endy, 앞의 글.
2. 김응빈 외, 앞의 책.
3. Wohlsen, Marcus., *Biopunk: Solving Biotech's Biggest Problems in Kitchens and Garages*, Penguin, 2011.

8장 합성 생물학의 위험성

1. Imai, Masaki., et al., "Experimental adaptation of an influenza H5 HA confers respiratory droplet transmission to a reassortant H5 HA/H1N1 virus in ferrets", *Nature*

486.7403, 2012. p. 420.
2. Baumgaertner, Emily., "As D.I.Y gene editing gains popularity, 'someone is going to get hurt'", *The New York Times* May 14, 2018. https://nyti.ms/2IfT5BW에서 기사를 볼 수 있다.
3. Noyce, Ryan S., et al., "Construction of an infectious horsepox virus vaccine from chemically synthesized DNA fragments", *PLoS One* 13.1, 2018.
4. Garfinkle, Michele., Knowles, Lori., "Synthetic biology, biosecurity, and biosafety", *Ethics and emerging technologies*, Palgrave Macmillan, 2014. pp. 533-547.
5. https://osp.od.nih.gov/biotechnology/national-science-advisory-board-for-biosecurity-nsabb/에서 관련 내용을 볼 수 있다.
6. Baumgaertner, 앞의 글.

9장 합성 생물학과 생명 윤리

1. Gibson, 앞의 글.
2. Venter, 앞의 책. p. 151.
3. Venter, 앞의 책. pp. 160-187.

10장 유전체 계획: 쓰기, 한 걸음 더 가까이

1. Annaluru, Narayana., et al., "Total synthesis of a functional designer eukaryotic chromosome", *Science* 344.6179: 55-58, 2014.
2. Callaway, Ewen., "First synthetic yeast chromosome revealed", *Nature News* Mar 27, 2014. https://www.nature.com/news/first-synthetic-yeast-chromosome-revealed-1.14941에서 기사를 볼 수 있다.
3. Pennisi, Elizabeth., "Building the ultimate yeast genome", *Science* 343, 2014. pp. 1426-1429.
4. Kannan, Krishna., Gibson, Daniel G., "Yeast genome, by design", *Science* 355.6329, 2017. pp. 1024-1025.
5. Richardson, Sarah M., et al., "Design of a synthetic yeast genome", *Science* 355.6329,

2017. pp. 1040-1044.

6. Callaway, Ewen., "Entire yeast genome squeezed into one lone chromosome", *Nature News* Aug 1, 2018.
7. Luo, Jingchuan., et al., "Karyotype engineering by chromosome fusion leads to reproductive isolation in yeast", *Nature*: 1, 2018. https://doi.org/10.1038/s41586-018-0374-x에서 접근 가능하다.
8. Shao, Yangyang., et al., "Creating a functional single-chromosome yeast", *Nature*: 1, 2018. https://doi.org/10.1038/s41586-018-0382-x에서 접근 가능하다.
9. Zhao, Y., et al., "Debugginh and consolidating multiple synthetic chromosomes reveals combinatorial genetic interactions", *Cell* 2023 Nov 22;186(24):5220-5236.doi: 10.1016/j.cell.2023.09.025에서 접근 가능하다.
10. Jiang, S.. Ma, Y., and Dai, J. "Synthetic yeast genome project and beyond" *The Innovation Life* 2(1): 100059 2024 March.
11. Bourzac, K. "Engineered yeast has genome with over 10% synthetic DNA", *Nature* Nov. 2023. 623.

11장 합성 생물학으로 재설계된 세포를 이용한 치료법

1. Cubillos-Ruiz, A. et al., "Engineering living therapeutics with synthetic biology", Nature Reviews *Drug Discovery* 2021, 20: p941-960.
2. Cubillos-Ruiz, A. et al., "Engineering living therapeutics with synthetic biology", Nature Reviews *Drug Discovery* 2021, 20: p941-960.
3. Sedighi, M. et al., "Therapeutic bacteria to combat cancer; current advances, challenges, and opportunities", *Cancer Medicine* 2019, 8:3167-3181.

12장 유전자 가위 기술의 의미

1. Ishino, Yoshizumi., et al., "Nucleotide sequence of the iap gene, responsible for alkaline phosphatase isozyme conversion in Escherichia coli, and identification of the gene product", *Journal of bacteriology* 169.12, 1987. pp. 5429-5433.

2. van Soolingen, D. P. E. W., et al., "Comparison of various repetitive DNA elements as genetic markers for strain differentiation and epidemiology of Mycobacterium tuberculosis", *Journal of Clinical Microbiology* 31.8, 1993. pp. 1987-1995.
3. Jansen, Ruud, et al., "Identification of genes that are associated with DNA repeats in prokaryotes", *Molecular Microbiology* 43.6, 2002. pp. 1565-1575.
4. Barrangou, Rodolphe., et al., "CRISPR provides acquired resistance against viruses in prokaryotes", *Science* 315.5819, 2007. pp. 1709-1712.
5. Jinek, Martin., et al., "A programmable dual-RNA-guided DNA endonuclease in adaptive bacterial immunity", *Science*, 2012.
6. Cong, Le., et al., "Multiplex genome engineering using CRISPR/Cas systems", *Science*, 2013.

13장 유전자 가위 기술의 역사

1. Miller, Jeffrey C., et al., "An improved zinc-finger nuclease architecture for highly specific genome editing", *Nature biotechnology* 25.7, 2007. p. 778.
2. Miller, Jeffrey C., et al., "A TALE nuclease architecture for efficient genome editing", *Nature biotechnology* 29.2, 2010. p. 143.

14장 유전자 가위 기술의 적용

1. Denby, Charles M., et al., "Industrial brewing yeast engineered for the production of primary flavor determinants in hopped beer", *Nature communications* 9.1, 2018. p. 965.
2. Ramakrishna, Suresh., et al., "Gene disruption by cell-penetrating peptide-mediated delivery of Cas9 protein and guide RNA", *Genome research*, 2014.
3. Cotter, Janet., et al., "Application of the EU and Cartagena definitions of a GMO to the classification of plants developed by cisgenesis and gene-editing techniques", *Greenpeace Res* 1, 2015. pp. 2-18. http://www.foroeuropa.it/documenti/rivista/ApplicationofGMOdefinitions.pdf에서 관련 내용을 볼 수 있다.
4. https://www.ombudsman.europa.eu/cases/decision.faces/en/75646/html.bookmark

에서 관련 내용을 볼 수 있다.

5. https://labiotech.eu/crispr-gene-editing-court/에서 관련 내용을 볼 수 있다.

6. Stokstad, Erik., "European court ruling raises hurdles for CRISPR crops", *Science Online* Jul 25, 2018. http://www.sciencemag.org/news/2018/07/european-court-ruling-raises-hurdles-crispr-crops에서 기사를 볼 수 있다.

7. 더 잭슨 연구실(The Jackson Laboratory)의 홈페이지에서 특정 유전자를 제거한 생쥐를 검색하고 주문할 수 있다. 홈페이지 링크는 다음과 같다. https://www.jax.org.

8. 시아젠 생명 과학 주식 회사(Cyagen Bioscience Inc.)는 크리스퍼 기술로 특정 유전자를 제거한 생쥐(Cyagen Knockout Mice)를 판매 및 배송하고 있다. https://www.cyagen.com/us/en/service/crispr-based-genome-editing-knockout-mice.html에서 관련 내용을 볼 수 있다.

9. Specter, Michael., "How the DNA revolution is changing us", *National Geographic*, 2016.

10. Nowogrodzki, Anna., "Gene-editing startup raises $120million to apply CRISPR to medicine", *MIT Technology Review*, August 10, 2015. https://www.technologyreview.com/s/540116/gene-editing-startup-raises-120-million-to-apply-crispr-to-medicine/에서 기사를 볼 수 있다.

15장 유전자 가위 기술과 유전자 드라이브

1. Fuchs, Silke., et al., "Mosquito transgenic technologies to reduce Plasmodium transmission", *Malaria,* Humana Press, 2012. pp. 601-622.

2. Hammond., Andrew, et al., "A CRISPR-Cas9 gene drive system targeting female reproduction in the malaria mosquito vector Anopheles gambiae", *Nature biotechnology* 34.1, 2016. p. 78.

3. Isaacs, Alison T., et al., "Engineered resistance to Plasmodium falciparum development in transgenic Anopheles stephensi", *PLoS pathogens* 7.4, 2011.

4. Gantz, Valentino M., Bier, Ethan., "The mutagenic chain reaction: a method for converting heterozygous to homozygous mutations", *Science*, 2015.

5. Zimmer, Carl., "'Gene drives' are too risky for field trials, scientists say", *The New York Times* Nov 16, 2017.
6. National Academies of Sciences, Engineering, and Medicine., *Gene drives on the horizon: advancing science, navigating uncertainty, and aligning research with public values*, National Academies Press, 2016. https://doi.org/10.17226/23405에서 관련 내용을 볼 수 있다.
7. Hammond, Andrew M., et al., "The creation and selection of mutations resistant to a gene drive over multiple generations in the malaria mosquito", *PLoS genetics* 13.10, 2017.

16장 유전자 가위 기술의 활용

1. Cyranoski, David., "Super-muscly pigs created by small genetic tweak", *Nature* 523.7558, 2015. p. 13.
2. Carlson, Daniel F., et al., "Production of hornless dairy cattle from genome-edited cell lines", *Nature biotechnology* 34.5, 2016. p. 479.
3. Pettit, Harry., "Genetically-modified cows without horns are created to make the countryside safer", *DailyMail Online* Feb 20, 2017. http://www.dailymail.co.uk/sciencetech/article-4242148/Genetically-modified-hornless-cows-developed-scientists.html에서 기사를 볼 수 있다.
4. Yang, Luhan., et al., "Genome-wide inactivation of porcine endogenous retroviruses (PERVs)", *Science*, 2015.
5. Niu, Dong., et al., "Inactivation of porcine endogenous retrovirus in pigs using CRISPR-Cas9", *Science* 357.6357, 2017. pp. 1303-1307.
6. Reardon, Sara., "Gene-editing record smashed in pigs", *Nature* 10, 2015. Anand, R. P. et al., (2023) Design and testing of a humanized porcine donor for xenotransplantation. *Nature* 622, 393-401.
7. Branndon Chase, 'World's First Genetically-Edited ig Kidney Transplant into Living Recipient Performed at Massachusetts General Hospital', 매사추세츠 종합 병원에서 2024년 3월 21일 게재한 보도 자료.

https://www.massgeneral.org/news/press-release/worlds-first-genetically-edited-pig-kidney-transplant-into-living-recipient.

8. Bevacqua, R. J., et al., "Efficient edition of the bovine PRNP prion gene in somatic cells and IVF embryos using the CRISPR/Cas9 system", *Theriogenology* 86.8, 2016. pp. 1886-1896.

9. Long, Chengzu., et al., "Postnatal genome editing partially restores dystrophin expression in a mouse model of muscular dystrophy", *Science* 351.6271, 2016. pp. 400-403.

10. Zhang, Yu., et al., "CRISPR-Cpf1 correction of muscular dystrophy mutations in human cardiomyocytes and mic.," *Science advances* 3.4, 2017.

11. Mandal, Pankaj K., et al., "Efficient ablation of genes in human hematopoietic stem and effector cells using CRISPR/Cas9", *Cell stem cell* 15.5, 2014. pp. 643-652.

12. Li, Chang., et al., "Inhibition of HIV-1 infection of primary CD4+ T-cells by gene editing of CCR5 using adenovirus-delivered CRISPR/Cas9", *Journal of General Virology* 96.8, 2015. pp. 2381-2393.

13. Xu, Lei., et al., "CRISPR/Cas9-mediated CCR5 ablation in human hematopoietic stem/progenitor cells confers HIV-1 resistance in vivo", *Molecular Therapy* 25.8, 2017. pp. 1782-1789.

14. Kaminski, Rafal., et al., "Elimination of HIV-1 genomes from human T-lymphoid cells by CRISPR/Cas9 gene editing", *Scientific reports* 6, 2016.

15. Callaway, Ewen., "HIV overcomes CRISPR gene-editing attack", *Nature News* Apr 7, 2016.

17장 유전자 가위 기술와 유전자 치료

1. Reardon, Sara., "Leukaemia success heralds wave of gene-editing therapies", *Nature* 527, 2015. pp. 146-147.

2. 생가모 바이오사이언스 홈페이지 https://www.sangamo.com/clinical-trials에서 관련 내용을 볼 수 있다.

3. Reardon, Sara., "First CRISPR clinical trial gets green light from US panel", *Nature News*, Jun 22, 2016.
4. Cyranoski, David., "CRISPR gene-editing tested in a person for the first time", *Nature news* 539.7630, 2016. p. 479.
5. Sheridan C., "The world's first CRISPR therapy is approved: who will receive it?", *Nature Biotechnology* 42, 3-4 2024 doi: https://doi.org/10.1038/d41587-023-00016-6.
6. https://www.fda.gov/vaccines-blood-biologics/lyfgenia.
7. Sheridan C., "The world's first CRISPR therapy is approved: who will receive it?", *Nature Biotechnology* 42, 3-4 2024 doi: https://doi.org/10.1038/d41587-023-00016-6.

18장 인간 배아 유전체 편집의 이해

1. Liang, Puping., et al., "CRISPR/Cas9-mediated gene editing in human tripronuclear zygotes", *Protein & cell* 6.5, 2015. pp. 363-372.
2. Callaway, Ewen., "Second Chinese team reports gene editing in human embryos", *Nature News* Apr 8, 2016.
3. Kang, Xiangjin., et al., "Introducing precise genetic modifications into human 3PN embryos by CRISPR/Cas-mediated genome editing", *Journal of assisted reproduction and genetics* 33.5, 2016. pp. 581-588.
4. Kolata, Gina., "Chinese scientists edit genes of human embryos, raising concerns", *The New York Times* Apr 23, 2015.
5. Callaway, Ewen., "Gene-editing research in human embryos gains momentum", *Nature News* Apr 19, 2016.

19장 인간 배아 유전체 편집이 불러온 논쟁

1. Callaway, Ewen., "UK scientists gain licence to edit genes in human embryos", *Nature News* Feb 1, 2016.
2. 힝스턴 그룹의 2015년 성명서를 http://www.hinxtongroup.org/hinxton2015_statement.pdf에서 볼 수 있다.

3. 2015년 국제 인간 유전자 편집 회의의 토론 내용을 https://www.ncbi.nlm.nih.gov/books/NBK343651/에서 볼 수 있다.

4. Associated Press in Washington., "Scientists debate ethics of human gene editing at international summit", *The Guardians* Dec 1, 2015.

5. Siddique, Haroon., "British researchers get green light to genetically modify human embryos", *The Guardian* Feb 1, 2016.

6. Callaway, *Nature News*, 2016. 17장 5번의 기사.

20장 인간 배아 유전체 편집의 한계

1. Lander, Eric S., "Brave new genome", *New England Journal of Medicine* 373.1, 2015. pp. 5-8.

2. Lander, 앞의 글.

21장 인간 배아 유전체 편집의 현황

1. Ma, Hong., et al., "Correction of a pathogenic gene mutation in human embryos", *Nature* 548.7668, 2017. pp. 413-419.

2. Kolata, Gina., et al., "2018 Chinese scientist claims to use crispr to make first genetically edited babies", *The New York Times* Nov. 26, 2018.

3. Lander, Eric., et al., "Adopt a moratorium on heritable genome editing", *Nature News* March 13, 2019.

4. Cohen, Jon., "WHO panel proposes new global registry for all CRISPR human experiments", *Science Online* Mar 19, 2019.

5. https://www.who.int/news/item/12-07-2021-who-issues-new-recommendations-on-human-genome-editing-for-the-advancement-of-public-health

22장 유전자 가위 기술의 수수께끼

1. 박건형, 「21세기 밥상엔… '유전자 가위'로 만든 두부 · 샐러드」, 《조선일보》, 2017년 1월 19일.

2. Cyranoski, David., "Super-muscly pigs created by small genetic tweak", *Nature* 523.7558, 2015. p. 13.

23장 다양한 유전자 가위 기술

1. Zetsche, Bernd., et al., "Cpf1 is a single RNA-guided endonuclease of a class 2 CRISPR-Cas system", *Cell* 163.3, 2015. pp. 759-771.

24장 유전자 가위 기술의 혁신

1. Anzalone, A.ndrew, V., et al., "Seach-and-replace genome editing without double-strand breaks or donor DNA", *Nature* 576, 149-157, 2019.
2. Chen, Peter, J., and Liu, David, R., "Prime editing for precise and highly versatile genome manipulation", *Nature Reviews Genetics* 24, 161-177, 2023.

25장 세포 치료제 시대

1. Grady, Denise., "F.D.A. panel recommends approval for gene-altering leukemia treatment", *The New York Times* Jul 12, 2017.

27장 면역 세포 치료제

1. Rosenberg, Steven A., et al., "Use of tumor-infiltrating lymphocytes and interleukin-2 in the immunotherapy of patients with metastatic melanoma", *New England Journal of Medicine* 319.25, 1988. pp. 1676-1680.
2. Kalos, Michael., et al., "T cells with chimeric antigen receptors have potent antitumor effects and can establish memory in patients with advanced leukemia", *Science translational medicine* 3.95, 2011.
3. Grady, *The New York Times*, 2017. 앞의 글.
4. 강인효, 「면역항암제가 뭐길래… 국내 제약업계도 '1470억 달러 시장을 잡아라'」, 《조선일보》, 2016년 7월 21일.
5. 식품의약품안전처, 식품의약품안전평가원, 『면역조절 세포치료제 연구개발 동향』(진

한엠앤비, 2016년)

28장 줄기 세포 치료제

1. Takahashi, Kazutoshi., Yamanaka, Shinya., "Induction of pluripotent stem cells from mouse embryonic and adult fibroblast cultures by defined factors", *Cell* 126, 2006. pp. 663-676.
2. Takahashi, Kazutoshi., et al., "Induction of pluripotent stem cells from adult human fibroblasts by defined factors", *Cell* 131, 2007. pp. 861-872.
3. Mandai, M., et al., "Autologous induced stem-cell-derived retinal cells for macular degeneration", *New England Journal of Medicine* 376, 2017. pp. 1038-1046.
4. Cyranoski, D., "Japanese manis first to receive 'reprogrammed' stem cells from another person", *Nature News* Mar 28, 2017.
5. Normile, Dennis., "First-of-its-kind clinical trial will use reprogrammed adult stem cells to treat Parkinson's", *Science Online* Jul 30, 2018.
6. Sugimura, Ryohichi., et al., "Haematopoietic stem and progenitor cells from human pluripotent stem cells", *Nature* 545, 2017. pp. 432-438.

29장 인간 장기 발생의 비밀을 캐는 오가노이드

1. Lancaster, M. A., et al., "Organogenesis on a dish: modeling development and disease using organoid technology", *Science* 345. 2014 pp. 283-292 doi:10.1126/science.1247125.
2. Cacciamali, A., et al., "3D cell culture: Evolution of an ancient tool for new application", *Frontiers in Physiology* 2022 13 pp1-15 doi: 10.3389/fphys.2022.836480.
3. Sato, T., et al., "Single Lgr5 stem cells build crypt-villus structures in vitro without a mesenchymal niche" *Nature* 2009 459: 262-265 https://www.nature.com/articles/nature07935.
4. Lancaster, M. A., et al., "Cerebral organoids model human brain development and microcephaly" *Nature* 2013 501: 373-379 doi:10.1038/nature12517.

5. Epshten, A., "U.K. publishes first guidelines for human embryo models grown from stem cells" *Science News* 2024 July 5th, doi: 10.1126/science.zmksfmt.

에필로그

1. Dowen, Jill M., et al., "Control of cell identity genes occurs in insulated neighborhoods in mammalian chromosomes", *Cell* 159, 2014. pp. 374-387.

2. Hnisz, Denes., et al., "Insulated neighborhoods: Structural and functional units of mammalian gene control", *Cell* 167, 2016. pp. 1188-1200.

찾아보기

라

마

바

사

아

자

차

카

타

파

하

송기원의 포스트 게놈 시대 개정 증보판

1판 1쇄 펴냄 2018년 10월 15일
1판 5쇄 펴냄 2021년 9월 30일

2판 1쇄 찍음 2024년 11월 1일
2판 1쇄 펴냄 2024년 11월 15일

지은이 송기원
펴낸이 박상준
펴낸곳 (주)사이언스북스

출판등록 1997. 3. 24.(제16-1444호)
(06027) 서울특별시 강남구 도산대로1길 62
대표전화 515-2000, 팩시밀리 515-2007
편집부 517-4263, 팩시밀리 514-2329
www.sciencebooks.co.kr

ISBN 979-11-94087-09-0 03470

창조자를 꿈꾸는 우리 자신에 대한 성찰, 이 책을 읽고 시작해도 늦지 않다

모든 생명체는 40억 년에 걸친 진화의 결과물이다. 호모 사피엔스도 예외가 아니다. 하지만 합성 생물학과 유전자 가위 기술 덕택으로 우리의 지위가 뒤바뀔 가능성이 생겼다. 마침내 인간이 자연을 창조하는 존재로 진화를 시작했기 때문이다. 물론 이런 기술의 발전 뒤에는 실용적 이유들이 존재한다. 하지만 그 너머의 생태적, 사회적, 윤리적 쟁점들은 인류가 처음으로 마주하는 중대한 문제들이다. 생명 과학자들만의 문제가 아닌 것이다. 그들이 진실을 이야기해 주지 않으면 일반 대중은 그것의 중요성을 알아차리지 못한다. 탁월한 생명 과학자로서 과학 기술의 사회적 영향에 대해 그 누구보다 합리적 담론을 펼쳐 온 저자가, 자연의 산물에서 창조자로 변신하려는 우리 자신에 대해 잠시 함께 고민해 보자고 제안한다. 이 책을 읽고 시작해도 늦지 않다. 송기원 교수가 있다는 게 얼마나 다행인가!

—장대익 | 가천 대학교 창업 대학 석좌 교수

교과서의 지식을 넘어선 생명 과학 길잡이

우연히 보강을 하게 된 어느 날, 오랜만에 만난 수향이랑 수다를 떨었다. 수향이는 우리 학교 생명 과학 동아리 회장이고 의사가 꿈인 3학년 학생이다.

"유전자 가위, 들어 봤어?"

"네……."

"수업 시간에 배웠어?"

"음…… 자세히는 아니지만 그런 게 있다는 정도는 배웠어요."

"그럼 CRISPR 유전자 가위에 대해서도 배웠어?"

"아뇨. 배우진 않았지만 대강은 알아요."

"그런 지식은 어디서 얻니?"

"관련된 책을 읽었어요."

수향이는 관련된 책이 있다면 더 읽고 싶다고 했다. 수향이 같은 아이를 위해 좋은 책을 추천해 주고 싶어서 이 책을 읽기 시작했다. 그러나 처